高等职业教育机电类专业"十二五"规划教材

集散控制与现场总线

胡 敏 主 编
黄 芳 黄旭伟 副主编

中国铁道出版社
CHINA RAILWAY PUBLISHING HOUSE

内 容 简 介

本书内容包括集散控制与现场总线基础知识、浙江中控 JX-300X 集散控制系统、水箱与电加热炉集散控制系统、汽包锅炉集散控制系统，由基础到综合、由浅入深、循序渐进地安排各个任务，环环相扣，逐步提高，基本能够满足教师教学及学生自主学习的要求。

本书适合作为高职高专电气自动化技术专业、机电一体化技术专业、生产过程自动化专业、电子信息技术专业的教材，也可供相关专业工程技术人员参考。

图书在版编目（CIP）数据

集散控制与现场总线/胡敏主编 . —北京：中国
铁道出版社，2013. 11
高等职业教育机电类专业"十二五"规划教材
ISBN 978 - 7 - 113 - 17452 - 1

Ⅰ. ①集…　Ⅱ. ①胡…　Ⅲ. ①集散控制系统—高等职
业教育—教材②总线—高等职业教育—教材　Ⅳ.
①TP273②TP336

中国版本图书馆 CIP 数据核字（2013）第 237744 号

书　　名：**集散控制与现场总线**
作　　者：胡　敏　主编

策　　划：何红艳　　　　　　　　　　　读者热线：400 - 668 - 0820
责任编辑：何红艳　彭立辉
封面设计：付　巍
封面制作：白　雪
责任印制：李　佳

出版发行：中国铁道出版社（100054，北京市西城区右安门西街 8 号）
网　　址：http://www.51eds.com
印　　刷：北京鑫正大印刷有限公司
版　　次：2013 年 11 月第 1 版　　　2013 年 11 月第 1 次印刷
开　　本：787 mm×1 092 mm　1/16　印张：12.75　字数：306 千
印　　数：1 ~ 2 000 册
书　　号：ISBN 978 - 7 - 113 - 17452 - 1
定　　价：26.00 元

集散控制系统又称分布式控制系统（Distributed Control System，DCS），是一个由过程控制级和过程监控级组成的以通信网络为纽带的多级计算机系统，综合了计算机、通信、显示和控制等4C技术，采用计算机系统完成对生产、对现场的自动监控，以其良好的控制性能、高可靠性、产品质量和生产效率提高，以及物耗、能耗降低等特点，成为冶金、石油、化工、电力、煤炭、纺织、楼宇自动化等行业实现自动控制的主流产品，在面向节能减排等复杂过程控制领域发挥更大的作用。现场总线控制系统是继气动仪表、电动单元模拟仪表、集中数字仪表后的新一代控制系统。它适应了工业控制系统的分散化、网络化、智能化的发展，给自动化的用户带来实惠和方便。

教材从3个层次设置了4个项目，9个任务，任务内容的选取以分层递进式进行，在内容安排上是以技能训练为主线，补充实践技能所需的新知识，充分体现理论为实践服务的教学思想，对每一个项目均安排三四个不同难度的训练环节。教学可根据学生的能力由浅入深、由易到难完成力所能及的内容。同时通过查阅资料、任务评价、团队合作等手段培养学生的信息处理、语言表达、自我学习、与人合作等素质能力。项目一以基础知识为主，以必需、够用为度，介绍集散控制与现场总线的基础知识；项目二以应用为主，以浙江中控JX-300X集散控制系统为主线，以工业控制中的液位、温度、流量为主要控制参数，以测量与控制仪表、DCS控制系统为主要控制装置，以任务为驱动，展开对学生职业能力的训练和培养；项目三、项目四以拓展为主，以企业真实项目为载体，拓展学生的知识面，针对DCS工作流程的应用组态阶段所需知识、能力、素质要求而设计。每个任务后面都有相关知识，方便读者理解和掌握所学内容。

本书在编写过程中，注重以下特色的体现：

（1）内容的设计突出地方经济特色，由校企合作编写，突显工学结合，符合"教、学、做、工融合"的人才培养模式，通过模拟真实企业工业环境等多种学习情境设置，将企业所涉及的新知识、新技术、新工艺融入其中，由浅入深，层层展开。

（2）本书适用开展"一体化、项目化"教学，内容以学生为主体，创设易于调动学生学习积极性不同的情景，结合高职学生特点引导学生主动学习，使用多种教学方法实施。

（3）全面的能力培养目标——专业能力＋方法能力＋社会能力。教材编写坚持能力本位的教育思想和理念，积极构建平台将职业核心能力的培养贯穿于整个教学过程中。

本书为一体化的实训教材,考虑到实训教学的连贯性,建议排课采取按周集中授课的方式,并以 3 周连排完成本课程训练目标。每个项目的学时分配如下表所示:

教学单元	课程内容		教学学时分配			教学方法
			理论	实训	小计	
基础单元	项目一 集散控制与现场总线基础知识	任务 1 集散控制系统必备知识	2	6	8	行动导向教学方法
		任务 2 现场总线控制系统的认识	2	6	6	
应用单元	项目二 浙江中控 JX - 300X 集散控制系统	任务 1 JX - 300X 系统的通信网络和主要设备的认知	2	2	4	
		任务 2 系统组态、实时监控、调试维护	2	4	6	
	项目三 水箱与电加热炉集散控制系统	任务 1 水箱液位控制系统	4	12	16	
		任务 2 电加热热水锅炉的温度控制系统	2	12	16	
		任务 3 水箱与电加热炉集散控制系统	2	6	8	
技能单元	项目四 汽包锅炉集散控制系统	任务 1 钢铁厂循环流化床锅炉控制系统 DCS 设计与组态	1	6	7	
		任务 2 造纸厂链条炉控制系统 DCS 设计与组态	1	6	7	
总 计			18	60	78	

本书由胡敏副教授任主编,黄芳、黄旭伟任副主编。具体编写分工:项目一由胡敏、史春朝编写;项目二由史春朝、吴小良编写;项目三由黄芳、姜磊、黄旭伟编写;项目四由黄芳、胡敏编写。

由于编者水平有限,加之编写时间仓促,本书难免有疏漏与不足之处,欢迎读者批评指正。

编 者
2013 年 9 月

项目一

集散控制与现场总线基础知识

任务1　集散控制系统必备知识

任务目标

（1）通过与模拟控制系统比较，认识计算机控制系统及其组成。

（2）了解计算机控制系统的应用类型、发展史。

（3）了解计算机通信网络的概念和通信协议。

（4）掌握集散控制系统的硬件结构。

（5）了解集散控制系统的软件体系。

（6）提高查阅资料和信息处理的能力、交流表达能力及团队合作能力。

任务布置

专业能力训练　集散控制系统知识

任务内容：了解本课程的性质、内容、任务及学习方法，对目前市场上常用的计算机控制系统的使用情况进行了解和比较，掌握计算机控制系统的组成原理、信号处理原理；了解计算机通信基本知识，掌握通信网络基础知识及网络控制方法；了解集散控制系统的设计思想及其发展过程，掌握集散控制系统的基本概念、体系结构及各层次的主要功能；了解集散控制系统的软件体系，了解集散系统的组态软件。

1. 核心知识点

（1）了解常用的计算机控制系统的组成、类型及应用，查找市场上起主导地位的集散控制系统的资料，包括品牌、分类、系列、型号、图片等。

（2）列举市场上常见的应用数据通信的例子及常见通信网络的拓扑结构，并进一步掌握集散控制系统的体系结构及各层次的主要功能。

（3）掌握计算机控制系统的组成原理、信号处理原理。

（4）掌握集散控制系统的定义、特点及应用场合，理解集散控制系统的设计思想及其发展过程。

（5）识别现有实训装置中集散控制系统的各个组成部分及相互关系。

2. 填写训练内容

根据上述要求，独立查询相关信息，通过收集、整理、提炼完成表 1 - 2 ~ 表 1 - 5 的填写训练，重点研究表 1 - 3 的相关内容，评分标准见附录 A。

职业核心能力训练

以小组为单位总结上述任务的实施经验，以 PPT 等形式完成学习成果汇报，通过自评、互评、总结等环节完善对本任务的掌握。本环节主要包含以下内容：

（1）小组成员。

（2）以分工不同划分各成员的身份。

（3）确定汇报主题及内涵。

（4）经验总结：小组共性经验（优点、缺点）；小组个性经验（优点、缺点）。

（5）各组互评。

（6）集中总结经验，明确如何改进或解决存在的问题。

任务实施

1. 课前预习

（1）预习集散控制系统的结构、工作原理及用途用法。

（2）预习"相关知识"内容。

2. 设备与器材

图书资料、网络、教师提供资料、计算机。

3. 能力训练

"专业能力训练　集散控制系统知识"训练步骤

（1）简要说明专业能力训练的要求。

（2）分组、分配角色，并填写具体分工表 1−1。

表 1−1　分组情况表　　　　　　　　　　　　　　　　组别：第　　组

序　号	姓　名	角　色	任 务 分 工
1	张三	主讲员	
2	李四	编辑员	
3	王五	点评员	
4	赵六	信息员（组长）	

（3）按分工要求，通过多种途径收集并编辑所需资料，并完成表 1−2～表 1−5 中所要求的任务。

（4）全组成员集中，将前面收集的资料按要求进行整理、学习，并制作 PPT 文件准备汇报学习成果，要求在汇报中有本组创新点、闪光点。

（5）选派代表（组内成员轮流）准备汇报本组工作成果。

（6）小组点评员点评，之后集中点评，并归纳相关知识点。

表 1 – 2　一般了解——信息填写

要　　求	自检	将合理的答案填入相应栏目				扣分	得分
目前常用的计算机控制系统的组成、类型及应用	组成						
	分类						
	应用						
集散控制系统的产生发展过程	背景						
	发展						
常见通信网络的拓扑结构及对比	种类						
	特点对比	星形					
		总线型					
了解目前市场上起主导地位的集散控制系统 DCS	知名品牌	型号	性能	性价比	系统结构图		
	霍尼韦尔（Honeywell）公司 DCS（美国）						
	ABB-CE（CE TAYLOR）公司 DCS（美国）						
了解国内市场上的集散控制系统 DCS	知名品牌	型号		系统结构图			
	浙江威盛						
	北京和利时						
常用的集散控制系统的组态软件							

表 1 – 3　核心理解——核心问题

要　　求	自检	将合理的答案填入相应栏目	扣分	得分
计算机控制系统	结构			
	原理			
	特点			
集散控制系统	定义			
	特点			
	应用场合			
集散控制系统的硬件组成及分工	组成			
	分工			

表1-4　信息获取方式自查表

信息获取自查表	手段（%）	整段复制	
		逐字录入	
		软件绘制	
	来源（%）	网络查询	
		书籍查询	
		咨询他人	
		其他	

（7）任务进行评价后（见附录评价表 A-1～表 A-5、表 A-8），各组简要小结本环节的经验并填入表1-5，进入"职业核心能力训练"。

表1-5　"集散控制系统知识"经验小结

"职业核心能力训练"步骤

（1）以小组为单位，简要写出查找、收集、整理、学习专业能力训练的经验总结报告，并在经验交流课上进行经验交流。

经验交流要表述的基本内容如下：

①小组成员（建议 3～5 人一组）。

②各成员的身份（以分工不同划分，如编辑员、主讲员、点评员、联络员等）。

③经验总结报告主题及内涵（可由"编辑员"用 PPT 或 Word 制作要讲述的内容）。

④小组共性与个性经验（共性优点，共性缺点）。

⑤存在的问题。

⑥如何改进或解决存在的问题并给出建议。

（2）小组推举"主讲员"上台向全休成员介绍本小组任务实施后的心得，限时 5 min。（以后的学习情境中小组成员轮流当"主讲员"）

（3）其他小组推举的"点评员"对已经表述的"主讲员"进行点评，限时 1 min。（以后的学习情境中小组成员轮流当"点评员"）

（4）对上述几个环节的能力训练情况进行综合评价。

（5）综合能力训练环节评价见附录中的表 A-1～表 A-5、表 A-8，评价结束后，各组简要小结本环节的训练经验并填入表1-6。

表 1-6 "职业核心能力训练"经验小结

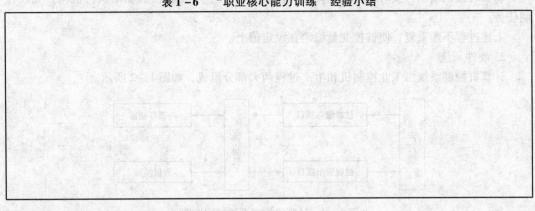

![相关知识]

一、计算机控制系统的组成及应用类型

（一）计算机控制系统的组成

计算机控制系统是以计算机为核心部件的自动控制系统。在工业控制系统中，计算机承担着数据采集与处理、顺序控制与数值控制、直接数字控制与监督控制、最优控制与自适应控制、生产管理与经营调度等任务。它已广泛应用于生产现场，并深入各行业的许多领域。

1. 基本概念

（1）计算机控制系统的组成如图 1-1 所示。

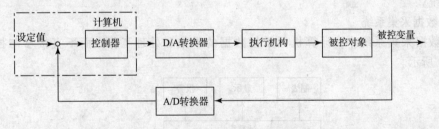

图 1-1 计算机闭环控制系统结构图

有关的术语概念如下：

①计算机控制系统：利用计算机（通常称为工业控制计算机）来实现工业过程自动控制的系统。

②在线方式：在计算机控制系统中，生产过程和计算机直接连接，并受计算机控制的方式。

③离线方式：生产过程不和计算机直接连接，且不受计算机控制，而是靠人进行联系并作相应操作的方式。

④实时：指信号的输入、计算和输出都在一定的时间范围内完成。

（2）计算机控制系统的工作原理，可归纳为以下 3 个步骤：

①实时数据采集：对测量变送装置输出的信号经 A/D 转换后进行处理。

②实时控制决策：对被控变量的测量值进行分析、运算和处理，并按预定的控制规律进行运算。

③实时控制输出：实时地输出运算后的控制信号，经 D/A 转换后驱动执行机构，完成控制任务。

上述过程不断重复，使被控变量稳定在设定值上。

2. 硬件系统

计算机控制系统由工业控制机和生产过程两大部分组成，如图 1-2 所示。

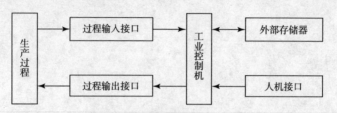

图 1-2 计算机控制系统结构框图

（1）工业控制机：指计算机本身及外围设备，包括计算机、过程输入/输出接口、人机接口、外部存储器等。

（2）生产过程：包括被控对象，测量变送、执行机构、电气开关等装置。

3. 软件系统

软件是指能完成各种功能的计算机程序的总和，通常包括系统软件和应用软件。

（二）计算机控制系统的应用类型

计算机控制系统种类繁多，命名方法也各有不同。

根据应用特点、控制功能和系统结构，计算机控制系统主要可分为 6 种类型：数据采集系统、直接数字控制系统、计算机监督控制系统、分级控制系统、集散控制系统及现场总线控制系统。

1. 数据采集系统

在数据采集系统中，计算机只承担数据的采集和处理工作，而不直接参与控制，如图 1-3 所示。

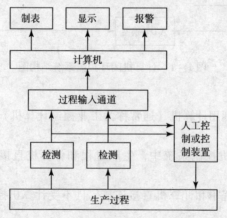

图 1-3 计算机数据处理系统

2. 直接数字控制系统

直接数字控制（Direct Digital Control，DDC）系统的构成如图 1-4 所示。

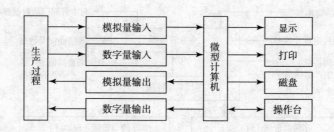

图 1-4　直接数字控制系统的构成

直接数字控制系统与模拟系统的比较：

（1）在 DDC 系统中，在信号出入计算机时必须经 D/A 转换、A/D 转换。

（2）其控制方式比常规控制系统灵活且经济。

直接数字控制系统的性能特点：

由于 DDC 系统中的计算机直接承担控制任务，所以要求实时性好、可靠性高和适应性强。

3. 监督计算机控制系统

监督计算机控制（Supervisory Computer Control，SCC）系统结构如图 1-5 所示。

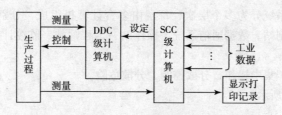

图 1-5　监督计算机控制系统

SCC 系统是一种两级微型计算机控制系统，其中 DDC 级微机完成生产过程的直接数字控制；SCC 级微机则根据生产过程的工况和已定的数学模型进行优化分析计算，产生最优化设定值，送给 DDC 级执行。SCC 级微机承担着高级控制与管理任务，要求数据处理功能强，存储容量大等，一般采用较高档微机。

4. 分级控制系统

特点：控制功能分散，集中管理。

图 1-6 所示的分级控制系统是一个 4 级系统。

（1）装置控制级（DDC 级）：对生产过程进行直接控制，如进行 PID 控制或前馈控制，使所控制的生产过程在最优工作状况下工作。

（2）车间监督级（SCC 级）：根据厂级计算机下达的命令和通过装置控制级获得的生产过程数据，进行最优化控制。它还担负着车间内各工段间的协调控制和对 DDC 级进行监督的任务。

（3）工厂集中控制级：可根据上级下达的任务和本厂情况，制订生产计划、安排本厂工作、进行人员调配及各车间的协调，并及时将 SCC 级和 DDC 级的情况向上级报告。

（4）企业管理级：制订长期发展规划、生产计划、销售计划，发命令至各工厂，并接受各工厂、各部门发回来的信息，实现全企业的总调度。

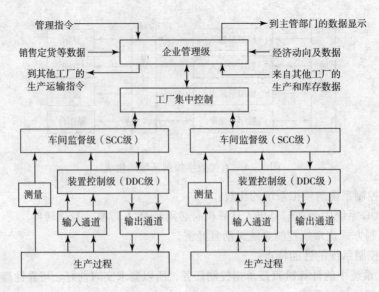

图 1-6 分级控制系统

5. 集散控制系统

组成：集散控制系统分为多个层次，每层由多台计算机组成，分别行使不同的功能，主要由数据采集站、控制站、数据通信系统、操作站、工程师站、监控计算机、输入/输出通道等部分组成。

特点：集中监视、集中操作，分散控制、分散危险。

其结构如图 1-7 所示。

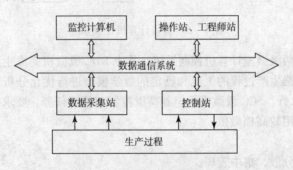

图 1-7 集散控制系统结构图

6. 现场总线控制系统

现场总线控制系统（Fieldbus Control System，FCS）是新一代分布式控制结构，如图 1-8 所示。

几个概念：

（1）智能仪表：传统仪表与 DDC 相结合，带有通信端口。

（2）现场总线：连接工业现场仪表和控制装置之间的全数字化、双向、多站点的串行通信网络，被称为 21 世纪的工业控制网络标准。

现场总线控制系统的特点：

（1）全数字化。

（2）彻底分散化。

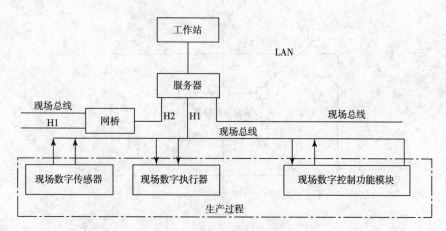

图 1-8　现场总线控制系统

二、计算机网络基础

（一）通信网络

1. 局部网络的概念

局部区域网络（Local Area Network，LAN）简称局部网络或局域网，是一种分布在有限区域内的计算机网络，是利用通信介质将分布在不同地理位置上的多个具有独立工作能力的计算机系统连接起来，并配置网络软件的一种网络，广大用户能够共享网络中的所有硬件、软件和数据等资源。DCS 网络实质上就是计算机网络。

2. 局部网络拓扑结构

网络拓扑结构是指用传输媒体互连各种设备的物理布局，就是用什么方式把网络中的计算机等设备连接起来。拓扑图给出网络服务器、工作站的网络配置和相互间的连接方式。通信网络的拓扑结构主要有星形、环形、总线型、树形和菊花链形。

（1）星形结构：如图 1-9 所示。特点：可靠性差，一旦中央结点出现故障，则整个系统就会瘫痪。

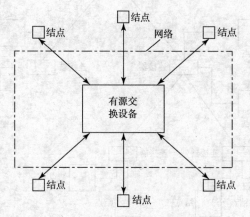

图 1-9　星形拓扑结构

（2）环形结构：如图 1-10 所示。特点：链路控制简单，结点数量太多时会影响通信速度；环是封闭的，不便于扩充。

有源交换设备

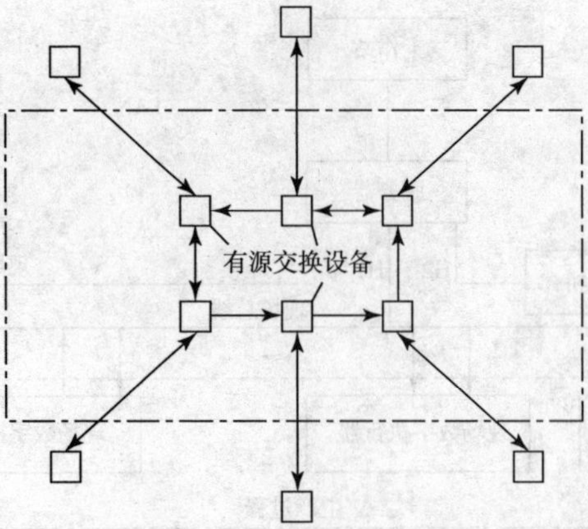

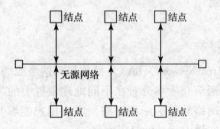

图 1-10　环形拓扑结构

（3）总线型结构：如图 1-11 所示。特点：结构简单，便于扩充。

结点
结点
结点
无源网络
结点
结点
结点

图 1-11　总线型拓扑结构

（4）树形结构：从总线型拓扑演变而来，形状像一棵倒置的树，顶端有一个带分支的根，每个分支还可延伸出子分支。树形拓扑结构如图 1-12 所示。

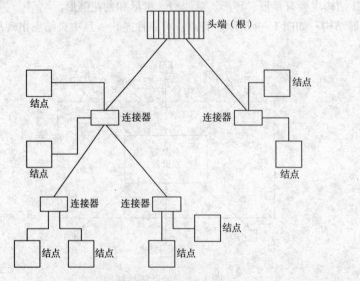

头端（根）
结点
结点
连接器
连接器
结点
结点
连接器
连接器
结点
结点
结点
结点

图 1-12　树形拓扑结构

这种拓扑和带有几个段的总线拓扑的主要区别在于根（又称头端）的存在。当结点发送时，根接收该信号，然后再重新广播发送到全网。这种结构不需要中继器。

（5）菊花链形结构：又称链形结构，其拓扑结构如图 1 - 13 所示。这种拓扑结构，在一个网段中现场总线电缆从一台现场仪表走到另一台现场仪表，在每个现场仪表的端子上互连。使用这种拓扑结构应该使用连接器，否则，在拆卸一台仪表时容易使整个总线断路。

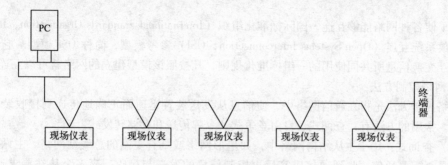

图 1 - 13　菊花链形拓扑结构

3. 传输介质

传输介质是通信网络的物质基础，主要有双绞线、同轴电缆和光缆 3 种，如图 1 - 14 所示。其中，双绞线是经常使用的传输介质，它一般用于星形网络中，同轴电缆一般用于总线型网络，光缆一般用于主干网的连接。

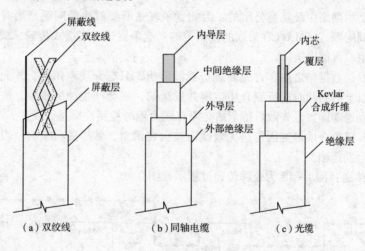

（a）双绞线　　　（b）同轴电缆　　　（c）光缆

图 1 - 14　传输介质

（二）通信协议

1. 通信协议的概念

网络通信功能包括两大部分，即数据传输和通信控制。在通信过程中，信息从开始发送到结束发送可分为若干阶段，相应的通信控制功能也分成一组组操作。一组组通信控制功能应当遵守通信双方共同约定的规则，并受这些规则的约束。在计算机通信网络中，对数据传输过程进行管理的规则称为协议。

协议关键要素：

（1）语法（Syntax）：信息的格式（由哪几部分组成），包括数据格式、信号电平等规定。（即怎么说）

（2）语义（Semantics）：信息的含义及控制信息（各部分的具体意义），是比特流每部分

的含义。一个特定比特模式如何理解，基于这种理解采取何种动作等。（即说什么）

（3）时序（Timing）：信息交换的步骤与顺序，规定了速率匹配和排序，包括数据何时发送，以什么速率发送，使发送方与接收方能够无差错地完成数据通信等。（即什么时候说）

为了使各种网络能够互连，国际标准化组织（International Standards Organization，ISO）提出了开放系统互连（Open Systems Interconnection，OSI）参考模型，简称 OSI 模型。它是系统之间相互交换信息所共同使用的一组标准化规则，凡按照该模型建立的网络就可以互连。

2. 网络控制方法

网络控制方法是指在通信网络中，使信息从发送装置迅速而正确地传递到接收装置的管理机制。常用的方法有：查询式、自由竞争式、令牌传送和存储转发式。

（1）查询式：用于主从结构网络中，如星形网络或具有主站的总线型网络。主站依次询问各站是否需要通信，收到通信应答后再控制信息的发送与接收。当多个从站要求通信时，按站的优先级安排发送。

（2）自由竞争式（CSMA/CD）：带有冲突检测的载体监听多重访问技术，是一种竞争方式，适用于总线型网络结构。在这种方式中，网上各站是平等的，任何一个站在任何时刻均可以广播式向网上发送信息。信息中包含有目的站地址，其他各站接收到后确定是否为发给本站的信息。

由于总线结构网络中线路是公用的，因此竞争发送所要解决的问题是当有多个站同时发送信息时的协调问题。CSMA/CD 采取的控制策略：竞争发送、广播式传输、载体监听、冲突检测、冲突后退、再试发送。

每个站在发送数据帧之前，首先要进行载波监听，只有介质空闲时，才允许发送帧。这时，如果两个以上的站同时监听到介质空闲并发送帧，则会产生冲突现象，这使发送的帧都成为无效帧，发送随即宣告失败。每个站必须有能力随时检测冲突是否发生，一旦发生冲突，则应停止发送，以免介质带宽因传送无效帧而被白白浪费，然后随机延时一段时间后，再重新争用介质，重发送帧。

（3）令牌传送：图 1-15 为令牌传递过程示意图。

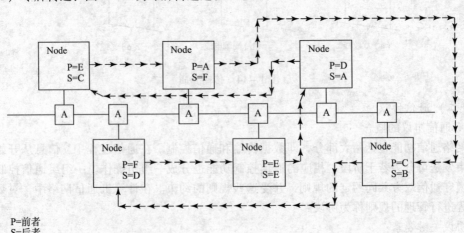

P=前者
S=后者
→ →=传送过程

图 1-15　令牌传递过程示意图

这种方式中，有一个称为令牌的信息段在网络中各结点间依次传递。令牌有空、忙两种状态，开始时为空。结点只有得到空令牌时才具有信息发送权，同时将令牌置为忙。令牌绕结点一周且信息被目标结点取走后，令牌被重新置为空。

令牌传送的方法实际上是一种按预先的安排让网络中各结点依次轮流占用通信线路的方法。令牌是一组特定的二进制代码，它按照事先排列的某种逻辑顺序沿网络而行。只有获得令牌的结点才有权控制和使用网络。

令牌传送既适合于环形网，也适合于总线型网。在总线型网的情况下，各站被赋予一个逻辑位置，所有站形成一个逻辑环。令牌传送效率高，信息吞吐量大，实时性好。

令牌传送与 CSMA/CD 相比，重载时响应时间较短，实时性较好。而 CSMA/CD 在网络重载时将不断地发生冲突，因此响应时间较长，实时性变差。但令牌方式控制较复杂，网络扩展时必须重新初始化。

（4）存储转发式：其信息传送过程为源结点发送信息，到达它的相邻结点；相邻结点将信息存储起来，等到自己的信息发送完，再转发这个信息，直到把此信息送到目的结点；目的结点加上确认信息（正确）或否认信息（出错），向下发送直至源站；源结点根据返回信息决定下一步动作，如取消信息或重新发送。

存储转发式不需要交通指挥器，允许有多个结点在发送和接收信息，信息延时小，带宽利用率高。

三、集散控制系统概论

1. 第一代集散控制系统

1975 年，美国 Honeywell 公司推出了 TDC - 2000 集散控制系统，它是一个多处理器的分布式控制系统，克服了集中控制系统的危险集中的致命弱点。

主要产品：美国的 Foxboro 公司的 Spectrum 系统，贝利公司的 N - 90 系统，英国肯特公司的 P4000 系统，德国西门子公司的 Teleperm M 系统，日本横河的 CENTUM 系统等。

系统组成：现场监测站、现场控制站、数据公路、CST 操作站、监控计算机等组成。

主要特点：这一代集散控制系统主要解决当时过程工业控制应用中采用模拟电动仪表难以解决的有关控制问题。监控站以 8 位微处理器为主，通信采用 DCS 制造商自己的通信协议。在技术上尚有明显的局限性。

第一代集散控制系统结构如图 1 - 16 所示。

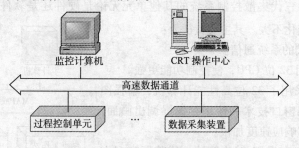

图 1 - 16　第一代集散控制系统结构

2. 第二代集散控制系统

主要产品：Honeywell 的 TDC - 3000；横河的 CENTUM A、B、C；Tayor 公司的 MOD300；Bailey 公司的 NETWORK - 90；西屋公司的 WDPF 等。

主要特点：由于微机技术的成熟和局部网络技术的进入，使得集散系统得到飞速发展。

第二代集散系统以局部网络为主干来统领全系统工作，系统中各单元都可以看作是网络结点的工作站，局部网络结点又可以挂接桥和网间连接器，并与同网络和异型网络相连。采用了标准化模块设计，现场控制站使用 16 位微处理器，增强型操作站使用 32 位微处理器，板级模块化，使之扩展灵活方便，控制功能更加完善，它能实现数据采集、连续控制、顺序控制和批量控制等功能，用户界面更加友好，为操作人员、工程师和维护人员提供了一种综合性的面向过程的单一窗口，便于他们完成各自的操作。第二代集散控制系统结构如图 1 - 17 所示。其中，GW 指网间连接器（Gata Way）。

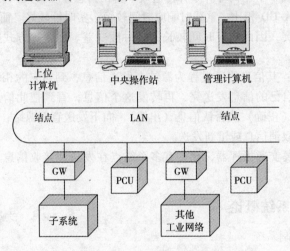

图 1 - 17　第二代集散控制系统结构

3. 第三代集散控制系统

美国 Foxboro 公司在 1987 年推出的 I/AS 系统标志着集散控制系统进入第三代。

主要产品：Honeywell 公司的 TDC - 3000/PM、横河公司的 CENTUM - XL、Foxboro 公司的 I/SS、贝利公司的 INFI - 90 等。

主要特点：第三代集散控制系统其结构的主要变化是局部网络采用了 MAP 或者是与 MAP 兼容、或者局部网络本身就是实时 MAP LAN。MAP 是由美国 GM（通用汽车公司）负责制定的，它是一种工厂系统公共的通信标准，已逐步成为一种事实上的工业标准。除了局部网络的根本进步之外，第三代集散控制系统的其他单元无论是硬件还是软件，都有很大的变化，但系统的基本组成变化不大。其主要特征为：

（1）实现开放式的系统通信。

（2）控制站使用 32 位 CPU，使控制功能更强。

（3）操作站也采用了 32 位高性能计算机，增强图形显示功能，采用多窗口技术和使用触摸屏调出画面，使操作更简便，操作响应速度加快。

（4）过程控制组态采用 CAD 算法，使其更直观方便，并引入专家系统，实现自整定功能。

第三代集散控制系统结构如图 1 - 18 所示。

4. 第四代集散控制系统

在 20 世纪 90 年代初，随着对控制和管理要求的不

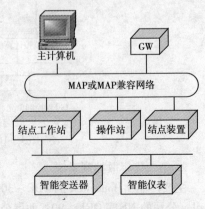

图 1 - 18　第三代集散控制系统结构

断提高，第四代集散控制系统以控管一体化的形式出现。

主要产品：Honeywell 公司的 TPS 控制系统，横河公司的 CENTUM – CS 控制系统，ABB 公司 Advant 系列 OCS 开放控制系统等。

共性：全面支持企业信息化、系统构成集成化、混合控制功能兼容，营建进一步分散化、智能化和低成本化，系统平台开放化、应用系统专业化。

主要特点：信息化和集成化；混合控制系统；现场总线技术的进一步分散化；I/O 处理单元小型化、智能化、低成本；系统平台开放型与应用的专业化。

在网络结构上增加了企业网（Intranet）并可与因特网（Internet）连网。在软件上采用 UNIX 和 X – Window 的图形用户界面，系统的软件更丰富，在信息的管理、通信等方面提供了综合的解决方案。

第四代集散控制系统体系结构如图 1 – 19 所示。

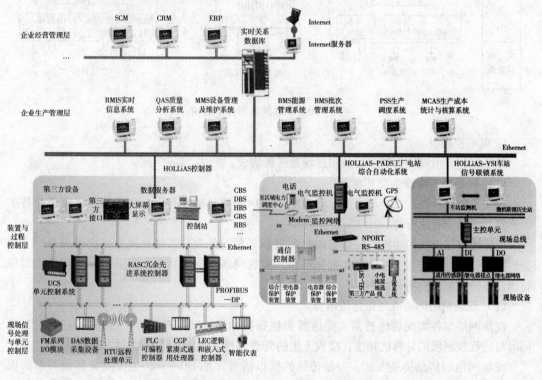

图 1 – 19　第四代集散控制系统体系结构

四、集散控制系统的硬件结构

从总体结构上看，DCS 是由工作站和通信网络两大部分组成的。

（一）集散控制系统的体系结构

集散控制系统的设计思想：集中管理、分散控制。

集散控制系统的组成特点：纵向分层、横向分散、设备分级、网络分层。

按照功能，集散控制系统设备分为 4 级：现场控制级、过程控制级、过程管理级、经营管理级。与 4 级设备对应的 4 层网络称为：现场网络、控制网络、监控网络、管理网络。

集散控制系统的基本组成：现场监测站、现场控制站、操作员站、工程师站、上位机和通信网络。

图 1-20 所示为 DCS 的典型体系结构。

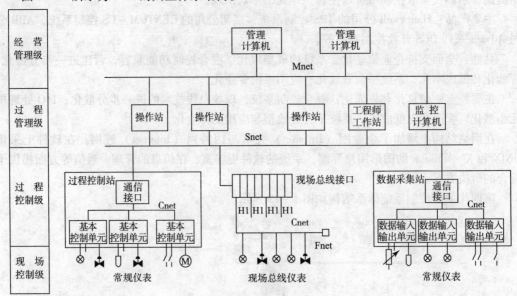

图 1-20 DCS 的典型体系结构

1. 现场控制级

现场控制级由现场控制级设备和现场总线等构成。

（1）现场控制级设备及其功能：

现场控制级设备：直接与生产过程相连，是 DCS 的基础。典型的现场控制级设备是各类传感器、变送器和执行器。

现场控制级设备的功能：一是完成过程数据采集与处理；二是直接输出操作命令、实现分散控制；三是完成与上级设备的数据通信，实现网络数据库共享；四是完成对现场控制级智能设备的监测、诊断和组态等。

（2）现场网络的功能与信息传递方式：

现场网络与各类现场传感器、变送器和执行器相连，以实现对生产过程的监测与控制。同时与过程控制级的计算机相连，接收上层的管理信息，传递装置的实时数据。

现场网络的信息传递方式：一是传统的模拟信号（如 DC 4～20 mA 或者其他类型的模拟量信号）传输方式；二是全数字信号（现场总线信号）传输方式；三是混合信号（如在 DC 4～20 mA 模拟量信号上，叠加调制后的数字量信号）传输方式。

现场信息以现场总线为基础的全数字传输是今后的发展方向。

2. 过程控制级

过程控制级主要由过程控制站、数据采集站和现场总线服务器等构成。

（1）过程控制站：产生控制作用，可以实现反馈控制、逻辑控制、顺序控制和批量控制等功能。

（2）数据采集站：接收大量的非控制过程信息；不直接完成控制功能。

（3）现场总线服务器：一台安装了现场总线接口卡与 DCS 监控网络接口卡的计算机。

过程控制级的主要功能：一是采集过程数据，进行数据转换与处理；二是对生产过程进行监测和控制，输出控制信号，实现反馈控制、逻辑控制、顺序控制和批量控制功能；三是现场设备及 I/O 卡件的自诊断；四是与过程操作管理级进行数据通信。

3. 过程管理级

过程管理级的主要设备有操作站、工程师站和监控计算机等。

（1）操作站功能及其配置要求：

功能：操作站是操作人员与 DCS 相互交换信息的人机接口设备，是 DCS 的核心显示、操作和管理装置。

配置要求：由一台具有较强图形处理功能的微型机及相应的外围设备组成，一般配有 CRT 或 LCD 显示器、大屏幕显示装置（选件）、打印机、键盘、鼠标等，开放型 DCS 采用个人计算机作为人机接口站。

（2）工程师站功能及其配置要求：

功能：工程师站是为了控制工程师对 DCS 进行配置、组态、调试、维护所设置的工作站。工程师站的另一个作用是对各种设计文件进行归类和管理，形成各种设计、组态文件，如各种图样、表格等。

配置要求：工程师站一般由 PC 配置一定数量的外围设备组成，例如打印机、绘图仪等。

（3）监控计算机功能及其配置要求：

功能：①用于实现对生产过程的监督控制；②通过获取过程控制级的实时数据，进行优化和性能计算、先进控制策略的实现等。

配置要求：由超级微型机或小型机构成，对运算能力和运算速度的要求较高。

JX-300X 集散控制系统结构如图 1-21 所示。

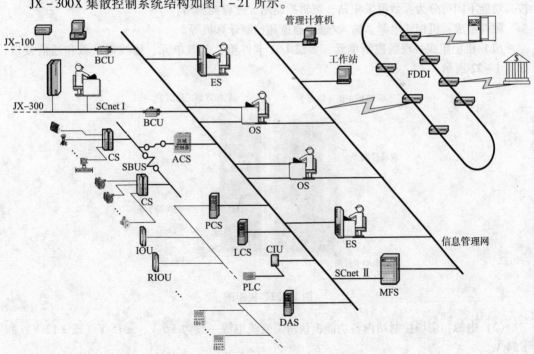

图 1-21 JX-300X 集散控制系统结构

OS—操作站；ES—工程师站；MFS—多功能计算站；BCU—总线变换单元；CIU—通信接口单元；
PCS—过程控制站；ACS—区域控制站；LCS—逻辑控制站；DAS—数据采集站；
SBUS—系统 I/O 总线；IOU—IO 单元；RIOU—远程 IO 单元

过程管理级设备的主要功能：

①对生产过程进行监测和控制。

②对 DCS 进行配置、组态、调试、维护。

③对各种设计文件进行归类和管理。

④实现对生产过程的监督控制、故障检测和数据存档。

4. 经营管理级

功能：监测企业各部门的运行情况，利用历史数据和实时数据预测可能发生的各种情况，从企业全局利益出发，帮助企业管理人员进行决策，帮助企业实现其计划目标。

经营管理级是属厂级的，也可分成实时监控和日常管理两部分。

配置要求：

（1）能够对控制系统做出高速反应的实时操作系统。

（2）能够连续运行可冗余的高可靠性系统。

（3）优良的、高性能的、方便的人机接口，丰富的数据库管理软件，过程数据收集软件，人机接口软件以及生产管理系统生成等工具软件，能够实现整个工厂的网络化和计算机的集成化。

（二）DCS 的硬件结构

DCS 的硬件系统主要由集中操作管理装置、分散过程控制装置和通信接口设备等组成，通过通信网络系统将这些硬件设备连接起来。

1. DCS 的现场控制站

主要功能：进行数据采集及处理，对被控对象实施闭环反馈控制、批量控制和顺序控制。按其功能不同可分为：数据采集站、逻辑控制站、过程控制站。

硬件组成：机柜、电源、输入/输出通道和控制计算机等。

（1）机柜组成：现场控制单元、多层 I/O 卡件箱、电源单元、接线端子板和通信接口，如图 1–22 所示。

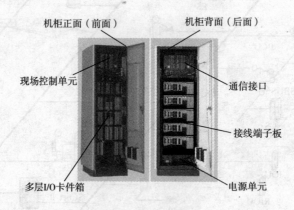

图 1–22　机柜图

（2）电源：现场控制站内各功能模块所需直流电源一般为 ±5 V、±15 V（或 ±12 V）和 ±24 V。

电源系统的可靠性措施：

①每一个现场控制站均采用双电源供电，互为冗余。

②采用超级隔离变压器，将其一次、二次线圈间的屏蔽层可靠接地，以克服共模干扰的影响。

③采用交流电子调压器，快速稳定供电电压。

④配有不间断供电电源 UPS，以保证供电的连续性。

增加直流电源系统的稳定性措施：

①给主机供电与给现场设备供电的电源要在电气上隔离，以减少相互间的干扰。

②采用冗余的双电源方式给各功能模块供电。

③一般由统一的主电源单元将交流电变为 24 V 直流电供给柜内的直流母线，然后通过 DC–DC 转换方式将 24 V 直流电源变换为子电源所需的电压。

④主电源一般采用 1:1 冗余配置，而子电源一般采用 N:1 冗余配置。

（3）控制计算机：现场控制站的核心（见图 1–23），一般由 CPU、存储器、输入/输出通道等基本部分组成。

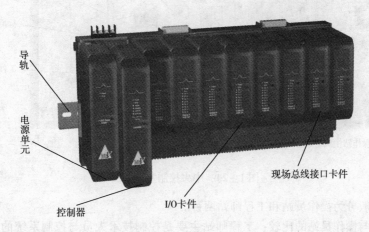

图 1–23　控制计算机外观

①CPU：用以实现算术运算和逻辑运算。可以执行复杂的先进控制算法，如自动整定、预测控制、模糊控制和自适应控制等。

②存储器：控制计算机的存储器分为 RAM 和 ROM。在控制计算机中 ROM 占有较大的比例。由于控制计算机在正常工作时运行的是一套固定的程序，DCS 中大都采用了程序固化的办法。在冗余控制计算机系统中，还特别设有双端口随机存储器（RAM），其中存放有过程输入/输出数据、设定值和 PID 参数等。

③总线：将现场控制站内部各单元连接起来的通信介质。

④输入/输出通道：包括模拟量输入/输出（AI/AO）、开关量输入/输出（SI/SO）、脉冲量输入通道（PI）。

• 模拟量输入通道（AI）：将来自在线检测仪表和变送器的连续性模拟电信号转换成数字信号，送给 CPU 进行处理。

• 模拟量输出通道（AO）：一般将计算机输出的数字信号转换为 DC 4～20 mA（或 DC 1～5 V）的连续直流信号，用于控制各种执行机构。

• 开关量输入通道（SI）：主要用来采集各种限位开关、继电器或电磁阀连动触点的开、关状态，并输入至计算机。

• 开关量输出通道（SO）：主要用于控制电磁阀、继电器、指示灯、声光报警器等只具有开、关两种状态的设备。

● 脉冲输入通道（PI）：将现场仪表（如涡轮流量计等）输出的脉冲信号进行处理后送入计算机。

2. DCS 的操作站

主要功能：过程显示和控制、系统生成与诊断、现场数据的采集和恢复显示等。图 1-24 为中央控制室设备图。

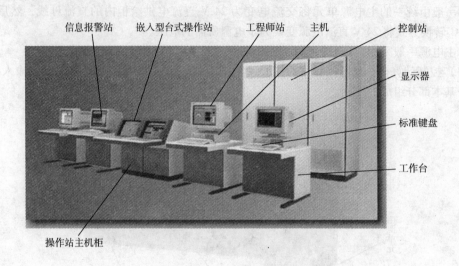

图 1-24 中央控制室设备图

分类：一般分为操作员站和工程师站两种。

工程师站与操作员站的比较：工程师站主要是控制技术人员与控制系统的人机接口，或者对应用系统进行监视。与操作员站最大的区别是工程师站上配有一套组态软件，为用户提供一个灵活的、功能齐全的工作平台，通过它来实现用户所要求的各种控制策略。

操作站主要硬件组成：操作台、微处理机系统、外部存储设备、图形显示设备、操作站键盘、打印输出设备等。通用操作站是 DCS 的发展方向。

3. DCS 的冗余技术

要使 DCS 的运行不受故障的影响，主要依靠冗余技术的采用。冗余方式如下：

（1）多重自动备用方式：

①同步运转方式：让两台或两台以上的设备或部件同步运行，进行相同的处理，并将其输出进行核对。两台设备同步运行，只有当它们的输出一致时，才作为正确的输出，这种系统称为"双重化系统"（Dual System）。3 台设备同步运行，将 3 台设备的输出信号进行比较，取两个相等的输出作为正确的输出值，这就是设备的三重化设置。

②待机运转方式：同时配备两台设备，使一台设备处于待机备用状态。当工作设备发生故障时，启动待机设备来保证系统正常运行。这种方式称为1:1 的备用方式。对于 N 台同样设备，采用 1 台待机设备的备用方式就称为 $N:1$ 备用。

待机运行方式是 DCS 中主要采用的冗余技术。

③后退运转方式：使用多台设备，在正常运行时，各自分担各种功能运行。当其中之一发生故障时，其他设备放弃其中一些不重要的功能，进行互相备用。

（2）简易的手动备用方式：采用手动操作方式实现对自动控制方式的备用。当自动方式发生故障时，通过切换成手动工作方式，来保持系统的控制功能。

4. 冗余措施

按照 DCS 冗余设备的不同，可以分为硬件冗余和软件冗余。

（1）硬件冗余：

①通信网络的冗余：采用一备一用的配置。

②操作站的冗余：采用工作冗余的方式。

③现场控制站的冗余：有的采用 1:1 冗余，也有的采用 N:1 冗余。采用无中断自动切换方式。

④电源的冗余：除了 220 V 交流供电外，还采用了镍镉电池、铅钙电池以及干电池等多级掉电保护措施。

⑤输入/输出模块的冗余：部分重要卡件采用 1:1 冗余。

（2）软件冗余：DCS 软件采用了信息冗余技术，就是在发送信息的末尾增加多余的信息位，以提供检错及纠错的能力。

五、集散控制系统软件体系

一个计算机系统的软件一般包括系统软件和应用软件两部分。

（一）集散控制系统的系统软件

集散控制系统的系统软件是一组支持开发、生成、测试、运行和维护程序的工具软件。

操作系统是一组程序的集合，用来控制计算机系统中用户程序的执行顺序，为用户程序与系统硬件提供接口软件，并允许这些程序（包括系统程序和应用程序）之间交换信息。应用程序用来完成某些应用功能。在实时工业计算机系统中，应用程序用来完成在功能规范中所规定的功能，而操作系统则是控制计算机自身运行的系统软件。

（二）集散控制系统的组态软件

1. 基本概念

（1）组态（Configuration）：指集散控制系统实际应用于生产过程控制时，需要根据设计要求，预先将硬件设备和各种软件功能模块组织起来，以使系统按特定的状态运行。

（2）组态软件主要解决的问题：

①如何与控制设备之间进行数据交换，并将来自设备的数据与计算机图形画面上的各元素关联起来。

②处理数据报警和系统报警。

③存储历史数据和支持历史数据的查询。

④各类报表的生成和打印输出。

⑤具有与第三方程序的接口，方便数据共享。

⑥为用户提供灵活多变的组态工具，以适应不同应用领域的需求。

图 1-25 所示为某工厂集散控制系统的组态画面。

（3）基于组态软件的工业控制系统的一般组建过程：

①组态软件的安装。

②工程项目系统分析。

③设计用户操作菜单。

④画面设计与编辑。

⑤编写程序进行调试。

⑥综合调试。

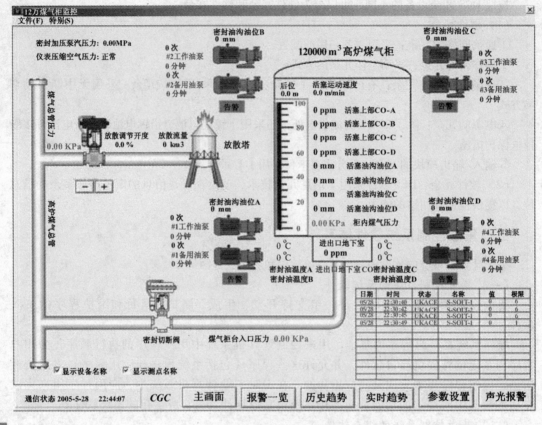

图 1 - 25 某工厂集散控制系统的组态画面

2. 常用组态软件

（1）常用组态软件：目前市场上的组态软件很多，常用的几种组态软件有美国 Wonderware 公司的 INTOUCH、美国 Intellution 公司的 FIX 以及西门子公司的 WINCC；国内自行开发的国产化产品有 Synall、组态王、力控、MCGS、Controlx 等。

（2）组态功能：DCS 组态功能包括很广的范畴，从大的方面讲，可以分为硬件组态和软件组态。

DCS 的硬件组态又称配置，采用模块化结构。一般硬件配置包含以下几方面的内容：工程师站、操作员站的选择；现场控制站的配置（个数、地域分配、每站中各种模板的种类和块数）；电源的选择等。

DCS 的软件组态包括系统组态、画面组态和控制组态。

（3）控制系统的组态：

①功能模块或算法的概念。

②功能模块或算法的分类。

（4）组态信息的输入。各制造商的产品虽然有所不同，但归纳起来，组态信息的输入方法有以下两种：

①功能表格或功能图法。

②编制程序法。

（5）组态软件的特点。尽管各种组态软件的具体功能各不相同，但他们具有以下共同的特点：

①实时多任务。

②接口开放。

③强大数据库配有实时数据库。

④可扩展性强。

⑤可靠性和安全性高。

 **任务评价**

（1）收集、整理资料能力评价标准见附录评价表中的表 A-1。

（2）核心能力评价表见附录中的表 A-2~表 A-5。

（3）个人单项任务总分评定建议见附录评价表中的表 A-8。

任务2　现场总线控制系统的认识

 **任务目标**

（1）掌握现场总线控制系统的基本概念及技术特点。

（2）了解现场总线控制系统的构成和现场总线设备。

（3）了解几种典型的现场总线，掌握 PROFIBUS 过程现场总线。

（4）了解现场总线的组态方法、网络组态步骤。

（5）了解现场总线设备的工作原理及特点，会根据要求进行安装与配线。

 **任务布置**

专业能力训练——现场总线控制系统知识

任务内容：在学习集散控制系统知识的基础上，学习掌握现场总线的基础知识，对目前市场上常用的几种典型的现场总线的使用情况进行了解和比较，了解现场总线控制系统的构成，认识常用的现场总线设备，并重点掌握掌握 PROFIBUS 过程现场总线。通过学习现场总线的组态方法、网络组态步骤，能够进行现场总线的安装与配线。

1. 核心知识点

（1）理解掌握现场总线的定义及特点，认识现场总线的产生和发展过程。

（2）掌握常见的现场总线系统的组态软件构成并了解3种以上常见的现场总线。

（3）认识理解 PROFIBUS 协议的3种类型及其应用场合，了解现场总线的网络组建步骤。

（4）掌握现场总线的硬件组成及各部分的主要功能，区分 DCS、PLC、FCS 三大系统，明确 DCS 的特点和优点。

（5）认识现场总线设备的几个类别和常用设备。

2. 填写训练内容

根据上述要求，独立查询相关信息，通过收集、整理、提炼完成表 1-7~表 1-9 的填写训练，重点研究表 1-8 的相关内容，评分标准参见附录 A。

职业核心能力训练

参见前面任务 1 中的"职业核心能力训练"相对应的要求。

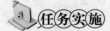任务实施

1. 课前预习

(1) 预习控制系统用现场总线、典型现场总线知识。

(2) 预习 DCS、PLC、FCS 三大系统要点知识。

(3) 预习"相关知识"内容。

2. 设备与器材

图书资料、网络、教师提供资料、计算机。

3. 能力训练

专业能力训练——现场总线控制系统知识训练步骤

(1) 参照"任务 1"实施过程,完成表 1-1 分工内容。

(2) 完成表 1-7~表 1-9 的相关内容。

表 1-7 一般了解——信息填写

要求	自检	将合理的答案填入相应栏目		扣分	得分
现场总线	定义				
	现场总线与 4~20 mA 系统的区别				
	特点				
现场总线产生发展过程	背景				
	发展				
常见的现场总线型号	种类				
	特点对比	Profibus 总线			
		LonWorks 总线			
		CAN 总线			
		FF 总线			
现场总线的软件组态	软件构成				
	网络组态步骤				

表 1-8 核心理解——核心问题回答

自检 要求	将合理的答案填入相应栏目		扣分	得分
现场总线的核心知识点	核心			
	基础			
	优点			
PROFIBUS 协议类型	类型	应 用 场 合		
现场总线的硬件构成	组成部分	用 途		
DCS、PLC、FCS 三大控制系统的基本要点和差异	DCS			
	PLC			
	FCS			
现场总线设备	类别	举 例		

表1-9　信息获取方式自查表

信息获取自查表	手段（%）	整段复制	
		逐字录入	
		软件绘制	
	来源（%）	网络查询	
		书籍查询	
		咨询他人	
		其他	

（3）对任务2专业能力训练进行评价后（见附录中的表A-1~表A-5、表A-8），各组简要小结本环节的经验并填入表1-10，进入"职业核心能力训练"。

表1-10　"现场总线控制系统知识"经验小结

"职业核心能力训练"步骤

参照任务1中"职业核心能力训练步骤"实施过程。

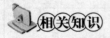 相关知识

一、现场总线概述

（一）现场控制总线的产生

20世纪50年代前，过程控制仪表使用气动标准信号，20世纪60~70年代发现了DC 4~20 mA标准信号，直到现在仍在使用。20世纪90年代初，用微处理器技术实现过程控制以及智能传感器的发展，导致需要用数字信号取代DC 4~20 mA模拟信号，这就形成了一种先进工业测控技术——现场总线（Fieldbus）。

现场总线与DC 4~20 mA系统相比，其优势在于：

（1）现场总线设备在总线上并联连接，所有设备通过总线接收、发送数字信号。

（2）现场总线设备可以向网络上其他设备提供任意多信息。

（3）总线具有循环冗余检错的（CRC）功能，可以保证接收设备获得正确数据。

（4）多结点现场总线无须点对点的布线。

模拟信号系统与 DCS 系统的区别如图 1-26 所示。

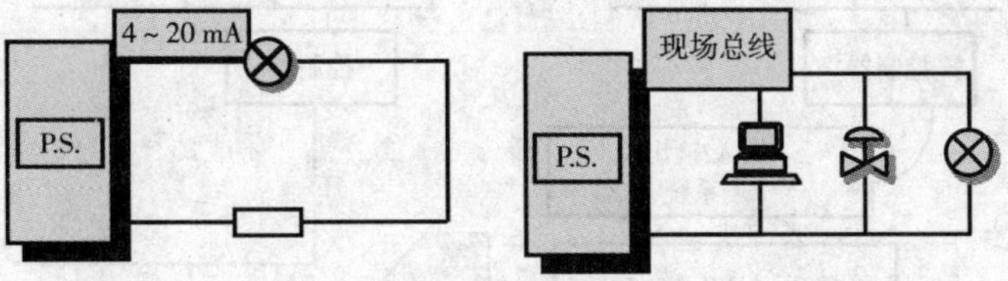

图 1-26　模拟信号系统与 DCS 系统的区别简图

（二）现场总线的基本概念

1. 定义

现场总线是连接智能现场设备和自动化系统的数字式、双向传输、多分支结构的计算机局域网络，其网络结点是以微处理器为基础的、具有检测、控制、通信能力的智能式仪表或控制设备。现场总线标准实质上是一个定义了硬件接口和通信协议的通信标准。

2. 现场总线技术的特点

（1）系统的开放性：开放系统是指通信协议公开，各不同厂家的设备之间可进行互连并实现信息交换。现场总线开发者就是要致力于建立统一的工厂底层网络的开放系统。这里的开放是指对相关标准的一致性、公开性，强调对标准的共识与遵从。一个开放系统，可以与任何遵守相同标准的其他设备或系统相连。一个具有总线功能的现场总线网络系统必须是开放的，开放系统把系统集成的权利交给了用户。用户可按自己的需要和对象把来自不同供应商的产品组成大小随意的系统。

（2）互可操作性与互用性：这里的互可操作性，是指实现互连设备间、系统间的信息传送与沟通，可实行点对点，一点对多点的数字通信。而互用性则意味着不同生产厂家的性能类似的设备可进行互换而实现互用。

（3）现场设备的智能化与功能自治性：它将传感测量、补偿计算、工程量处理与控制等功能分散到现场设备中完成，仅靠现场设备即可完成自动控制的基本功能，并可随时诊断设备的运行状态。

（4）系统结构的高度分散性：由于现场设备本身已可完成自动控制的基本功能，使得现场总线已构成一种新的全分布式控制系统的体系结构。从根本上改变了现有 DCS 集中与分散相结合的集散控制系统体系，简化了系统结构，提高了可靠性。

（5）对现场环境的适应性：工作在现场设备前端，作为工厂网络底层的现场总线，是专为在现场环境工作而设计的，它可支持双绞线、同轴电缆、光缆、射频、红外线、电力线等，具有较强的抗干扰能力，能采用两线制实现送电与通信，并可满足本质安全防爆要求等。

3. 现场总线的优点

（1）减少连线与安装：现场总线系统的接线十分简单，一对双绞线或一条电缆上通常可挂接多个设备，因而电缆、端子、槽盒、桥架的用量大大减少，如图 1-27 所示。连线设计与接头校对的工作量也大大减少。当需要增加现场控制设备时，无须增设新的电缆，可就近连接在原有的电缆上，既节省了投资，也减少了设计、安装的工作量。据有关典型试验工程的测算资料表明，可节约安装费用 60% 以上。

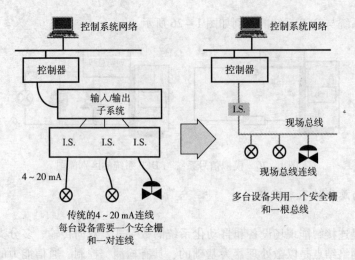

图 1-27　传统型与现场总线型比较

（2）节省维护开销：由于现场控制设备具有自诊断与简单故障处理的能力，并通过数字通信将相关的诊断维护信息送往控制室，用户可以查询所有设备的运行、诊断维护信息，以便早期分析故障原因并快速排除，缩短了维护停工时间，同时由于系统结构简化，连线简单而减少了维护工作量。

（3）提高控制功能的分散性，如图 1-28 所示，现场总线型有些控制和 I/O 功能可以转移到现场仪表。

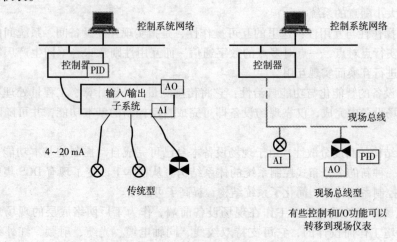

图 1-28　传统型与现场总线型比较

（4）增加信息的交互，如图 1-29 所示。

（5）扩大了操作视野，如图 1-30 所示。

（6）用户具有高度的系统集成主动权。用户可以自由选择不同厂商所提供的设备来集成系统。避免因选择了某一品牌的产品而被"框死"了使用设备的选择范围，不会为系统集成中不兼容的协议、接口而一筹莫展，使系统集成过程中的主动权牢牢掌握在用户手中。

（7）提高了系统的准确性与可靠性。由于现场总线设备的智能化、数字化，与模拟信号相比，它从根本上提高了测量与控制的精确度，减少了传送误差。同时，由于系统的结构简化，设备与连线减少，现场仪表内部功能加强，减少了信号的往返传输，提高了系统的工作可靠性。

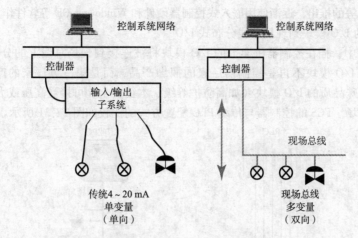

图 1－29　传统型与现场总线型比较

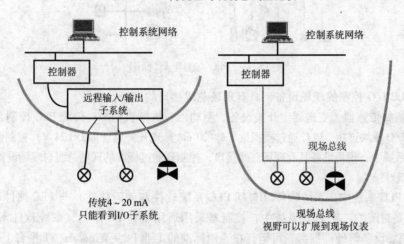

图 1－30　传统型与现场总线型比较

此外，由于设备标准化，功能模块化，因而还具有设计简单、易于重构等优点。

现场总线控制系统具有信号传输全数字化、控制功能分散化、现场设备具有互操作性、通信网络全互连式、技术和标准全开放式等特点。

（三）传统控制系统向基于现场总线的控制系统演变

现场总线技术的一个显著特点是其开放性，允许并鼓励不同厂家按照现场总线技术标准，自主开发具有特点及专有技术的产品。因此，现场总线技术引入自动化控制系统，促使传统控制系统结构简化，逐步形成基于现场总线的控制系统 FCS。

1. 从 PLC 到通用工业 PC

（1）在传统控制系统中，控制器（又称 CPU、处理器）与 I/O 模块及其他功能模块、机架为同一系列产品，有一致的物理结构设计。

（2）基于现场总线的控制系统中，控制器与现场设备（I/O 模块、功能模块及传感器、变送器、驱动器等）连接是通过标准的现场总线，因此没有必要使用与控制器捆绑的 I/O 模块产品（这与插在 PLC 机架上的 I/O 模块的配置方法不同），可使用任何一家的具有现场总线接口的现场设备与控制器集成。因此，控制器趋向于采用标准的、通用的硬件平台——工业计算机（Industrial Computer），如 Intel/Windows 类 PC。近年来嵌入式控制器（如 PC/104 产品）的发展和 Windows – CE 等的推出，逐渐使用嵌入式控制器硬件和 Windows – CE 等软件作为控制器平台。

2. 从 PLC 的 I/O 模块到现场总线分布式 I/O

在 FCS 系统中，插在控制器机架上的 I/O 模块将被连接到现场总线上的分散式 I/O 模块所取代。分散式 I/O 模块不再是控制器厂家的捆绑产品，而是第三方厂家的产品；廉价的、专用的、具有特殊品质的 I/O 模块（如高防护等级、本征安全、可接受高压或大电流信号等）将具有广阔的市场。FCS 的控制器与传统 PLC 配置方式的比较如图 1 – 31 所示。

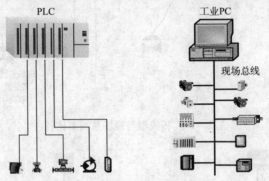

图 1 – 31　PLC 与工业 PC 简图

3. 从 PLC I/O 控制的现场设备到具有现场总线接口的现场设备

现场设备如传感器、变送器、开关设备、驱动器、执行机构等；传统 PLC 控制系统的 I/O 设备与 PLC I/O 模块连接，PLC 通过模拟量（4 ~ 20 mA）或开关量（如 DC 24 V）控制监测现场设备。在 FCS 系统中，现场设备具有现场总线接口，控制器通过标准的现场总线与现场设备连接。

4. 系统软件

在传统 PLC 系统中，系统软件（包括 PLC 系统软件和编程软件）与 PLC 硬件联系紧密，技术上对外是封闭的。在 FCS 系统中，控制器采用通用工业 PC 平台，系统软件不再与控制器、I/O、现场设备等硬件捆绑，可运行在通用标准的工业 PC + Windows/NT 平台上。

二、几种典型的现场总线

（一）过程现场总线 PROFIBUS

PROFIBUS（Progress Field Bus）是德国标准 DIN 19245 和欧洲标准 EN 50170，也是 IEC 标准 IEC 61158。据统计，在欧洲市场中 PROFIBUS 占开放性工业现场总线系统的份额已超过 40%。

1. PROFIBUS 概述

PROFIBUS 是一种国际性的开放式现场总线标准，是唯一的全集成 H1（过程）和 H2（工厂自动化）现场总线解决方案，它不依赖于产品制造商，不同厂商生产的设备无须对其接口进行特别调整就可通信，因此它广泛应用于制造加工、楼宇和过程自动化等自动控制领域。

典型的工厂自动化系统通常分为现场设备层、车间监控层和工厂管理层。现场总线 PROFIBUS 是面向现场级与车间级的数字化通信网络，如图 1 – 32 所示。

2. PROFIBUS 协议类型与结构

（1）PROFIBUS 协议类型：

PROFIBUS – DP：传输速率最高为 12 Mbit/s，主要用于现场级和装置级的自动化。

PROFIBUS – PA：传输速率为 31.25 kbit/s，主要用于现场级过程自动化，具有本质安全和总线供电特性。

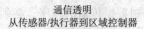

通信透明
从传感器/执行器到区域控制器

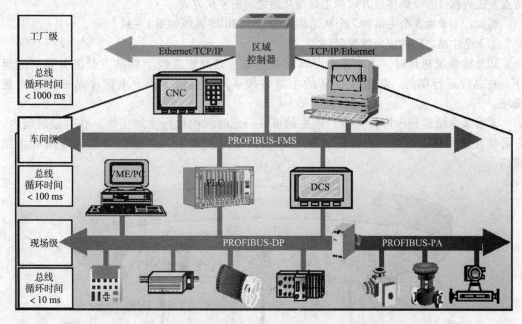

图 1 – 32　PROFIBUS 面向现场级与车间级的数字化通信网络

PROFIBUS – FMS：主要用于车间级或工厂级监控，构成控制和管理一体化系统，进行系统信息集成。

（2）PROFIBUS 协议结构：PROFIBUS 根据 ISO 7498 国际标准制定，并以开放式系统互连模型（OSI）作为参考模型，该模型共有 7 层，如图 1 – 33 所示。

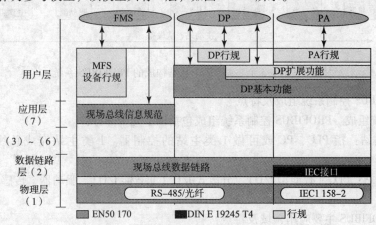

图 1 – 33　PROFIBUS 协议结构

（3）介质存取控制：PROFIBUS 协议的设计要满足介质控制的两个基本要求。

①在复杂的自动化系统（主站）间的通信，必须保证在确切限定的时间间隔中的任何一个站点要有足够的时间来完成通信任务。

②在复杂的程序控制器和简单的 I/O 设备（从站）间的通信，应尽可能既快速又简单地

项目一　集散控制与现场总线基础知识

完成数据的实时传输。

介质存取控制（MAC）具体控制数据传输的程序，必须确保在任何一个时刻只能有一个站点发送数据，有令牌传送方式和主站与从站之间的主从方式。

例如：一个由 3 个主站和 7 个从站构成的 PROFIBUS 系统如图 1 - 34 所示。

①3 个主站之间构成令牌逻辑环。

②总线系统初建时，主站介质存取控制的任务是制定总线上的站点分配并建立逻辑环。在总线运行期间，断电或损坏的主站必须从环中排除，新上电的主站必须加入逻辑环。

③当某主站得到令牌报文后，该主站可在一定时间内执行主站工作。在这段时间内，它可依照主 - 从通信关系表与所有从站通信，也可依照主 - 主通信关系表与所有主站通信。

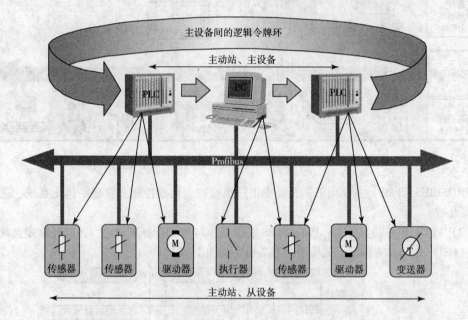

图 1 - 34 3 个主站、7 个从站构成的 PROFIBUS 系统

3. PROFIBUS 控制系统组成及特点

（1）系统组成。PROFIBUS 控制系统组成包括以下几个部分：

①1 类主站：指 PLC、PC 或可做 1 类主站的控制器。1 类主站完成总线通信控制与管理。

②2 类主站：PLC（智能型 I/O），分散式 I/O（非智能 I/O），驱动器、传感器、执行机构等现场设备。

（2）PROFIBUS 主要应用领域及特点：

主要应用领域有：

①制造业自动化：汽车制造（机器人、装配线、冲压线等）、造纸、纺织、汽车组装、润滑油生产、钢板冲压成形啤酒生产（过滤与发酵）等。

②过程控制自动化：石化、化工、制药、造纸、纺织、水泥、食品、啤酒等。

③电力：发电、输配电。

④楼宇：空调、风机、供热、照明灯。

⑤铁路交通：信号系统等。

PROFIBUS 现场总线系统的技术特点：

①容易安装，节省成本。

②集中组态，建立系统简单。

③提高可靠性，工厂生产更安全、有效。

④减少维护，节省成本。

⑤符合国际标准，工厂投资安全。

4. PROFIBUS 技术

（1）PROFIBUS – DP（以下简称 DP）技术：由不同类型的设备组成（见图 1 – 35），在同一总线上最多可连接 126 个站点，站点类型有 3 种：1 类 DP 主站（DPM1）、2 类 DP 主站（DPM2）和 DP 从站。各类型设备的主要功能如图 1 – 36 所示。

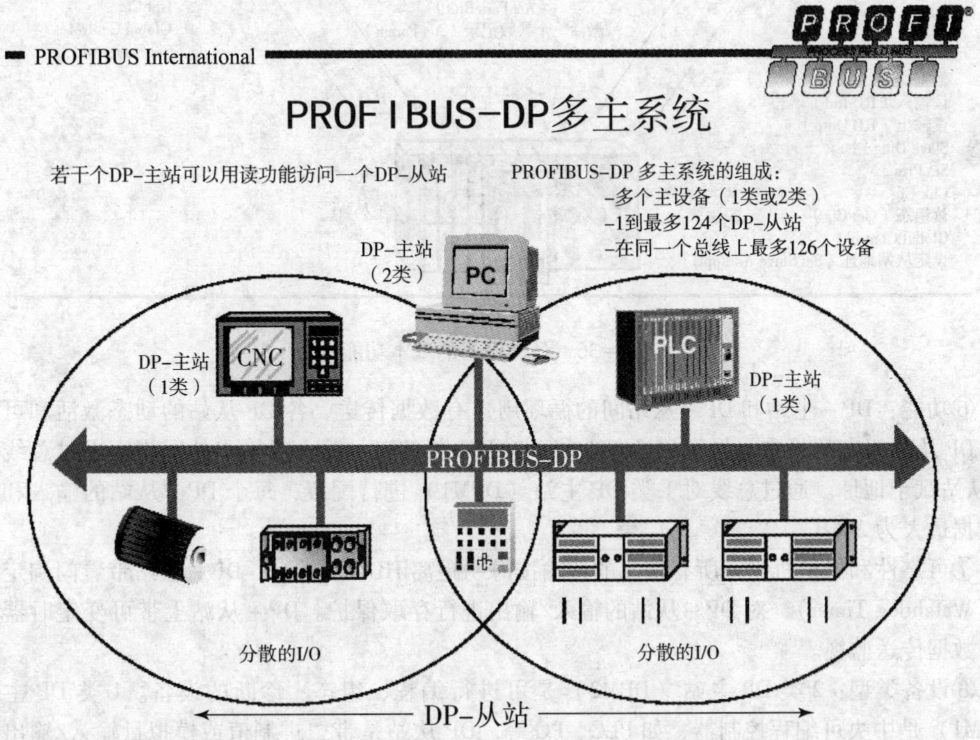

■ PROFIBUS International

PROFIBUS-DP多主系统

若干个DP-主站可以用读功能访问一个DP-从站

PROFIBUS-DP 多主系统的组成：
–多个主设备（1类或2类）
–1到最多124个DP-从站
–在同一个总线上最多126个设备

DP-主站（2类） PC

DP-主站（1类） CNC

DP-主站（1类） PLC

PROFIBUS-DP

分散的I/O

分散的I/O

DP-从站

图 1 – 35　PROFIBUS – DP 多主站系统图

PROFIBUS – DP 的基本特征如下：

①传输技术：RS – 485 双绞线、双线电缆或光缆，传输速率为 9.6 kbit/s ~ 12 Mbit/s。

②总线存取：各主站间令牌传递，主站与从站间为主 – 从传送。支持单主或多主系统（见图 1 – 35）。总线上最多站点（主 – 从设备）数为 126。

③通信：点对点（用户数据传送）或广播（控制指令）。循环主 – 从用户数据传送和非循环主 – 主数据传送。

④运行模式：运行、清除、停止。

⑤同步：控制指令允许输入和输出同步。同步模式为输出同步，锁定模式为输入同步。

PROFIBUS-DP基本功能

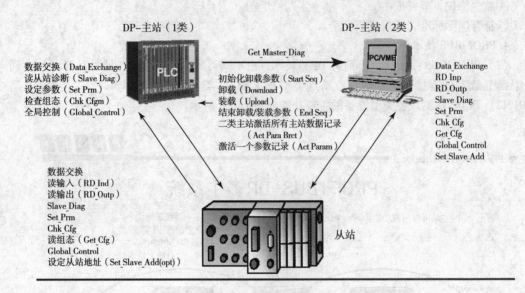

图 1－36　各类设备的基本功能

⑥功能：DP－主站和DP－从站间的循环用户有数据传送、各DP从站的动态激活和可激活、DP从站组态的检查、强大的诊断功能、3级诊断信息、输入或输出的同步、通过总线给DP从站赋予地址。通过总线对1类DP主站（DPM1）进行配置，每个DP－从站的输入和输出数据最大为246B。

⑦可靠性和保护机制：所有信息的传输按海明距离 HD＝4 进行。DP－从站带看门狗定时器（Watchdog Timer），对DP－从站的输入/输出进行存取保护。DP－从站上带可变定时器的用户数据传送监视。

⑧设备类型：2类DP主站（DPM2）是可进行编程、组态、诊断的设备。1类DP主站（DPM1）是中央可编程控制器，如PLC、PC等。DP从站是带二进制值或模拟量输入/输出的驱动器、阀门等。

⑨速率：DP对所有站点传送512 bit/s输入和512 bit/s输出，在12 Mbit/s时只需1 ms。

⑩诊断功能：经过扩展的DP诊断能对故障进行快速定位。诊断信息在总线上传输并由主站采集，诊断信息分3级：本站诊断操作，即本站设备的一般操作状态，如温度过高、压力过低；模块诊断操作，即一个站点的某具体I/O模块故障；通过诊断操作，即一个单独输入/输出位的故障。

PROFIBUS－DP 构成的单主站或多主站系统：

①单主站系统：在总线系统的运行阶段，只有一个活动主站。

②多主站系统：总线上连有多个主站，这些主站与各自从站构成相互独立的子系统。

（2）PROFIBUS－PA（以下简称PA）技术：主要用于流程工业自动化领域（见图1－37）。

使用 PROFIBUS – PA 可取代现行的 4 ~ 20 mA 的模拟技术，如图 1 – 38 所示。

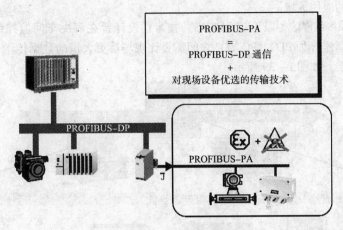

图 1 – 37　PA 技术

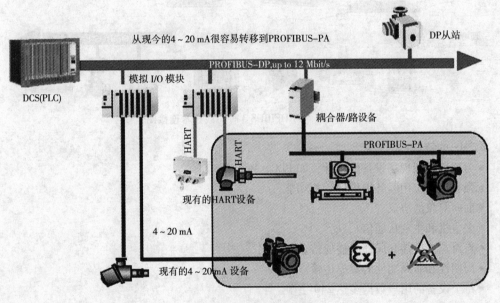

图 1 – 38　PA 的典型链接

①PA 特性：

• 适合过程自动化应用的行规使不同厂家的现场设备具有互换性。

• 增加和去除总线站点，即使在本质安全地区也不会影响到其他站。

• 在过程自动化的 PA 段与制造自动化的 DP 总线段之间通过耦合器连接，并使之实现两段间的透明通信。

• 使用与 IEC 1158 – 2 技术相同的双绞线完成远程供电和数据传送。

• 在潜在的爆炸危险区可使用防爆型 “本质安全” 或 “非本质安全”。

②PA 行规：PA 行规保证了不同生产厂商生产的现场设备具有互换性和互操作性，是 PROFIBUS – PA 的一个组成部分。PA 行规的主要任务是选用各种类型现场设备必需的通信功能，并提供这些设备功能和设备行为的一切必要的规格、参数等。

③DP/PA 耦合器、PA 链接器：RS – 485/FO（光纤）和 IEC 1158 – 2 传输技术之间可以通

过 DP/PA 耦合器（Coupler）或 PA 链接器（Link）相连接，从而使 PROFIBUS 网络很容易延伸到有爆炸危险的应用区域。

（3）PROFIBUS – FMS（以下简称 FMS）技术：设计旨在解决车间监控级通信。在这一层，可编程序控制器（如 PLC、PC 等）之间需要比现场层更大量的数据传送，但通信的实时性要求低于现场层，如图 1 – 39 所示。

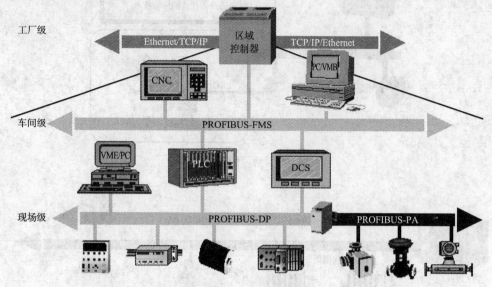

图 1 – 39   PROFIBUS 3 种总线技术连接图

①FMS 的特点：
- 为连接智能现场设备而设计，如 PLC、PC、MMI。
- 强有力的应用服务提供广泛的功能。
- 面向对象的协议。
- 多主机和主 – 从通信。
- 点对点、广播和局部广播通信。
- 周期性和非周期性的数据传输。
- 每个设备的用户数据多达 240 字节。
- 得到所有主要 PLC 制造商的支持。
- 可以提供大量的产品，如 PLC、PC、VME、MMI、I/O 等。

②FMS 应用层：应用层提供了供用户使用的通信服务。这些服务包括访问变量、程序传递、事件控制等。FMS 应用层包括下面两部分：
- FMS（现场总线报文规范）：描述了通信对象和应用服务。
- LLI（低层接口）：FMS 服务到 OSI 参考模型第 2 层的接口。

③FMS 通信模型：FMS 利用通信关系将分散的过程统一到一个共用的过程中。

④FMS 服务：FMS 服务项目是 ISO 9506 的 MMS（制造信息规范）服务项目的子集。这些现场总线在应用中已被优化，而且还加上了通信提出的广泛需求，服务项目的选用取决于特定的应用，具体的应用领域在 FMS 行规中规定。

5. PROFIBUS 控制系统配置的几种形式

（1）根据现场设备是否具备 PROFIBUS 接口可分为以下 3 种形式：

①总线接口型：现场设备不具备 PROFIBUS 接口，采用分散式 I/O 作为总线接口与现场设备连接如图 1-40 所示。如果现场设备能分组，组内设备相对集中，这种模式会更好地发挥现场总线技术的优点。

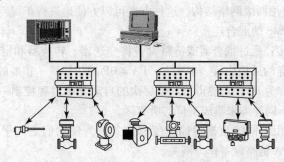

图 1-40　采用分散式 I/O 作为总线接口与现场设备连接

②单一总线型：现场设备都具有 PROFIBUS 接口（见图 1-41），这是一种理想情况，可使用现场总线技术，实现完全的分布式结构，可充分获得这一先进技术带来的利益。这种方案的设备成本较高。

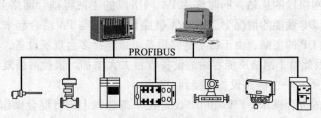

图 1-41　现场设备都有 PROFUBUS 总线接口

③混合型：现场设备部分具备 PROFIBUS 接口，这时应采用 PROFIBUS 现场设备加分散式 I/O 混合使用的方法，如图 1-42 所示。分散式 I/O 可作为通用的现场总线接口，是一种灵活的集成方案。

（2）根据实际需要及经费情况，通常有以下几种结构类型：

①结构类型 1：以 PLC 或控制器做 1 类主站，不设监控站，但调试阶段配置一台编程设备。PLC 或控制器完成总线通信管理、从站数据读/写、从站远程参数化工作。

②结构类型 2：以 PLC 或其他控制器做 1 类主站，监控站通过串口与 PLC 一对一地进行连接。监控站不在 PROFIBUS 网上，不是 2 类主站，不能直接读取从站数据和完成远程参数化工作，监控站所需的从站数据只能从 PLC 控制器中读取。

③结构类型 3：以 PLC 或其他控制器做 1 类主站，监控器连接在 PROFIBUS 总线上。在 PROFIBUS 网上作为 2 类主站，可完成远程编程、参数化及在线监控功能。

④结构类型 4：以 PC + PROFIBUS 网卡做 1 类主站，监控站与 1 类主站一体化。成本低，但 PC 要求高可靠性，PC 一旦发生故障将导致整个系统瘫痪。另外，通信厂商通常只提供一个模板的驱动程序，总线控制程序、从站控制程序、监控程序可能要由用户开发，因此应用开发工作量可能会较大。

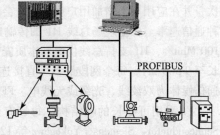

图 1-42　混合型

⑤结构类型 5：坚固式 PC + PROFIBUS 网卡 + SOFTPLC 的结构形式。如果把结构类型 4 中的 PC 换成一台坚固式 PC，系统可靠性将大大增强，足以使用户信服。这是一台监控站与 1 类主站一体化控制器工作站。

⑥结构类型 6：使用两级网络结构，这种方案可以方便地进行扩展。

（3）DP、PA 与 FMS 的混合连接：

①PA 与 DP 的连接：通过耦合器或链路设备将变送器、转换器和定位器连接到 DP 网络。PA 协议使用同 DP 一样的通信协议。事实上，PA = DP 通信协议 + 扩展的非周期性服务 + 作为物理层的 IEC 1158，称为 H1。它使得工厂各层次的自动化和过程控制一致并高度集成。这意味着使用一种协议的不同种类来集成工厂的所有区。

由于 DP 和 PA 使用不同的数据传输速度和方式，为使它们之间平滑地传输数据，使用 DP/PA 耦合器和 DP/PA 链路设备作为网关。

DP/PA 耦合器用于在 DP 与 PA 间传递物理信号，适用于简单网络与运算时间要求不高的场合。DP/PA 耦合器有两种类型：非本质安全型和本质安全型。

PA 现场设备可以通过 DP/PA 链路设备连接到 DP。DP/PA 链路设备应用在大型网络时，依赖网络复杂程度和处理时间要求的不同，会有不止一个链路设备连接到 DP。DP/PA 链路设备一方面作为 DP 网络段的从站，同时作为 PA 网络段的主站将耦合网络上所有的数据通信。这意味着在不影响 DP 性能的情况下，DP/PA 链路设备 DP 与 PA 结合起来。DP/PA 链路设备可以作为所有标准 DP 的主站，由于每个链路设备可以连接多台现场设备，而链路设备只占用 DP 的一个地址，因此整个网络所能容纳的设备数目大大增加。依赖网络复杂程度和处理时间要求的不同，可有不止一个链路设备连接到 DP。

②FMS 和 DP 的混合操作：FMS 和 DP 设备在一条总线上进行混合操作是 PROFIBUS 的一个主要优点，因为 FMS 和 DP 均使用统一的传输技术和总线存取协议，这些设备称为混合设备，不同的应用功能是通过第 2 层不同的服务访问点来分开的。

（二）其他现场总线介绍

1. 基金会现场总线

基金会现场总线（Foundation Fieldbus，FF）是由国际公认的、唯一不附属于任何企业的、非商业化的国际标准组织——现场总线基金会提出。该组织旨在制定单一的国际现场总线标准。FF 协议的前身是以美国 Fisher-Rosemount 公司为首，联合 Foxboro、Yokogawa、ABB、Siemens 等 80 多家公司制定的 ISP 协议，和以 Honeywell 公司为首、联合欧洲各国 150 多家公司制定的 World FIP 协议。1994 年 9 月，支持 ISP 和 World FIP 的两大集团经过协商，成立了现场总线基金会 FF（Fieldbus Foundation）。基金会现场总线是一种全数字式的串行双向通信系统，它可以将现场仪表、阀门定位器等智能设备连接在一起，其自身可向整个网络提供应用程序。它以 OSI 参考模型为基础，采用物理层、数据链路层和应用层为 FF 通信模型的相应层次，并在应用层上增加用户层。基金会现场总线分为低速现场总线 H1 和高速现场总线 HSE 两种通信速率。低速现场总线 H1 的传输速率为 31.25 kbit/s，高速现场总线 HSE 的传输速率为 100 Mbit/s，H1 支持总线供电和本质安全特性，最大通信距离为 1 900 m（如果加中继器可延长至 9 500 m），每个网段最多可直接连接 32 个结点。如果加中继器最多可连接 126 个结点，通信媒体为双绞线、光缆或无线电。FF 的 H1 和 HSE 分别是 IEC 61158 的标准子集 1 和 5。

FF 采用可变长的帧结构，每帧有效字节数为 0 ~ 250 个。目前已经有 Smar、Fuji、NI、Semiconductor、Siemens、Yokogawa 等 12 家公司可提供 FF 的通信芯片。

目前，全世界已有近 300 个用户和制造商成为现场总线基金会成员。基金会、董事会包括全球绝大多数主要自动化设备供应商。这些基金会成员所生产的自动化设备占世界市场的90%以上。现场总线基金会强调中立与公正，所有成员均可参加规范的制定和评估，所有技术成果由基金会拥有和控制，由中立的第三方负责产品注册和测试等。因此，基金会现场总线具有一定权威性和公正性。

目前它的应用领域主要以过程自动化为主，如石化、化工等领域，主要用于对生产过程中的连续量进行控制。

2. Control Net 现场总线

控制网络（Control Net）现场总线是设备级现场总线，它是用于 PLC 和计算机之间、逻辑控制和过程控制系统之间的通信网络，已成为 IEC 61158 标准子集 2，1995 年由 Rockwell Automation 公司推出。它是基于生产者/消费者（Producer/Consumer）模式的网络，是高度确定性、可重复性的网络。确定性是预见数据何时能够可靠传输到目标的能力；可重复性是数据传输时间不受网络结点添加/删除操作或网络繁忙状况影响而保持恒定的能力。在逻辑控制和过程控制领域，Control Net 总线也被用于连接输入/输出设备和人机界面。

Control Net 现场总线采用并行时间域多路存取（Concurrent Time Domain Multiple Access CT-DMA）技术，它不采用主–从通信，而采用广播或一点到多点的通信方式，使多个结点可精确同步获得发送方数据。通信报文分显式报文（含通信协议信息的报文）和隐式报文（不含通信协议信息的报文），其传输特点如下：

（1）网络带宽的利用率高：采用 CTDMA 技术，数据一旦发送到网络，网络上的其他结点就可同时接收，因此，与主从式传输技术比较，不需要重复发送同样的信息到不同的从站，从而减少在网络上的通信量。

（2）同步性好：由于在网络上的数据可同时被多个结点接收，与主从式传输方式比较，各结点可同时接收数据，因此同步性好。

（3）实时性好：采用在预留时间段的确定时间内周期重复发送，保证有实时要求的数据能够正确发送。并且，可根据实时性要求，设置时间片的大小，进行预留，从而保证实时性。

（4）避免数据访问的冲突：采用虚拟令牌，只有获得令牌的结点可发送数据，避免了数据访问的冲突现象，提高了传输效率。

（5）高吞吐量：传输速率为 5 Mbit/s 时，网络刷新速率为 2 ms。

该总线可寻址结点数达 99 个，传输速率 5 Mbit/s，采用同轴电缆和标准连接头的传输距离可达 1 km，采用光缆的传输距离可达 25 km。

针对控制网络数据传输的特点，该总线采用时间分片的方式对数据通信进行调度。重要的数据（如过程输入/输出数据的更新、PLC 之间的互锁等）采用预留时间片中确定的时间段进行周期通信，而对无严格时间要求的数据（如组态数据和诊断数据等）采用预留时间片外的非周期通信方式。此外，对时间的分配还预留用于维护的时间片，用于结点的同步和网络的维护。例如，用于增删结点，发布网络链路参数等。

3. CAN 现场总线

控制器局域网络（Controller Area Network，CAN）现场总线是由德国 Bosch 公司于 20 世纪 80 年代为解决汽车中各种控制器、执行机构、监测仪器、传感器之间的数据通信而提出并开发的总线型串行通信网络。在现场总线领域中，CAN 现场总线得到了 Intel、Motorola、Philips 等著名大公司的广泛支持，广泛应用在离散控制领域，它们纷纷推出直接带有 CAN 接口的微处理器（MCU）芯片。CAN 总线构建的系统在可靠性、实时性和灵活性等方面具有突出的优良性能，从而也更适合于工业过程控制设备之间的互连。CAN 协议现场总线的网络设计采用了符合 ISO/OSI 网络标准的 3 层结构模型，即物理层、数据链路层和应用层。网络的物理层和数据链路层的功能由 CAN 接口器件完成，而应用层的功能由处理器来完成。

CAN 采用了带优先级的 CSMA/CD 协议对总线进行仲裁，因此其总线允许多站点同时发送，这样既保证了信息处理的实时性，又使得 CAN 网络可以构成多主结构或冗余结构的系统，保证了系统设计的可靠性。另外，CAN 采用短帧结构，且它的每帧信息都有 CRC 校验和其他校错措施，保证了数据传输出错率极低，其传输介质可以用双绞线、同轴电缆或光纤等。

图 1-43 所示为国产轿车总线控制系统的网络连接方式。

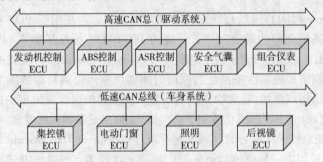

图 1-43　国产轿车总线控制系统的网络连接方式

4. Device Net 现场总线

设备网络（Device Net）现场总线是基于 CAN 总线技术的设备级现场总线，它由嵌入 CAN 通信控制器芯片的设备组成，是用于低压电器和离散控制领域的现场设备，例如，开关、温度控制器、机器人、伺服电动机、变频器等设备之间通信的现场总线。它已成为 IEC 62026 的标准子集。

Device Net 总线采用总线型网络拓扑结构，每个网段可连接 64 个结点，传输速率有 125 kbit/s、250 kbit/s 和 500 kbit/s 等。主干线最长为 500 m，支线为 6 m。支持总线供电和单独供电，供电电压 24 V。

该总线采用基于连接的通信方式，因此，结点之间的通信必须先建立通信连接，然后才能进行通信。报文的发送可以是周期或状态切换，采用生产者/消费者的网络模式。通信连接有输入/输出连接和显式连接两种。输入/输出连接用于对实时性要求较高的输入/输出数据的通信，采用点对点或点对多点的数据连接方式，接收方不必对接收报文做出应答。显式连接用于组态数据、控制命令等数据的通信，采用点对点的数据连接方式，接收方必须对接收报文做出是否正确的应答。

5. LonWorks 现场总线

LonWorks（Local Operation Network）局部操作网络技术是美国 Echelon 公司开发的现场总线技术。它采用了与 ISO 参考模型相似的 7 层协议结构，LonWorks 技术的核心是具备通信和控制功能的 Neuron 芯片。Neuron 芯片实现完整的 Lonworks 的 LonTalk 通信协议，结点间可以对等通信。LonWorks 支持多种物理介质，有双绞线、光纤、同轴电缆、电力线载波、无线电等，并支持多种拓扑结构，组网形式灵活。在 LonTalk 的全部 7 层协议中，介质访问方式为 P-P CSMA（预测 P-坚持载波监听多路复用），采用网络逻辑地址寻址方式，优先级机制保证了通信的实时性，安全机制采用证实方式，因此能构建大型网络控制系统。其 IS-78 本安物理通道使得它可以应用于易燃易爆危险区域。LonWorks 应用范围包括工业控制、楼宇自动化等，在组建分布式监控网络方面有优越的性能。因此，业内许多专家认为 LonWorks 总线是一种颇有希望的现场总线。

6. HART 总线

1986 年，由 Rosemount 提出可寻址远程传感器总线（Highway Addressable Remote Transducer，HART）通信协议，它是在 DC 4～20 mA 模拟信号上叠加频移键控（Frequency Shift Keying，FSK）数字信号。既可以传输 DC 4～20 mA 模拟信号，也可传输数字信号，显然，这是现场总线的过渡性协议。

1993 年，成立了 HART 通信基金会（HART Communication Foundation，HCF），约有 70 多个公司加盟，如 Rosemount、Siemens、E＋H、Yokogawa 等。专家们估计，HART 在国际上的使用寿命为 15～20 年，而在国内由于客观条件的限制，这个时间可能会更长。

7. Modbus 总线

Modbus（ModiconBus）是 MODICON 公司为其生产的 PLC 设计的一种通信协议，从功能上看，可以认为是一种现场总线。Modbus 协议定义了消息域格式和内容的公共格式，使控制器能认识和使用消息结构，而无须考虑通信网络的拓扑结构。它描述了一个控制器访问其他设备的过程，当采用 Modbus 协议通信时，此协议规定每个控制器需要知道自己的设备地址，识别按地址发来的消息，如何响应来自其他设备的请求，如何侦测错误并记录。

控制器通信采用主从轮询技术，只有主设备能发出查询，从设备响应消息。主设备可单独和从设备通信，从设备返回一个消息。如果采用广播方式（地址为零）查询，从设备不作任何回应。

Modbus 通信有 ASCII 和 RTU（Remote Terminal Unit）两种模式，一个 Modbus 通信系统中只能选择其中的一种模式，不允许两种模式混合使用。

采用 RTU 模式，消息的起始位以至少 3.5 个字符传输时间的停顿开始（一般采用 4 个），在传输完最后一个字符后，有一个至少 3.5 个字符传输时间的停顿来标识结束。一个新的消息可以在此停顿后开始。在接收期间，如果等待接收下一个字符的时间超过 1.5 个字符传输时间，则认为是下一个消息的开始。校验码采用 CRC－16 方式，只对设备地址、功能代码和数据段进行。整个消息帧必须作为一个连续的流传输，传输速率较 ASCII 模式高。

Modbus 可能的从设备地址是 0～247（十进制），单个设备的地址范围是 1～247。可能的功能代码范围是 1～255（十进制）。其中有些代码适用于所有的控制器，有些是针对某种 MODICON 控制器，有些是为用户保留或备用的。

8. CC－Link 总线

CC－Link 是 Control and Communication Link（控制与通信链路系统）的简称。1996 年 11 月，以三菱电机为主导的多家公司，第一次正式向市场推出了以"多厂家设备环境、多性能、省配线"理念开发的全新的 CC－Link 现场总线。CC－Link 是允许在工业系统中，将控制和信息数据同时以 10 Mbit/s 的高速传输的现场总线。作为开放式现场总线，CC－Link 是唯一起源于亚洲地区的总线系统，它的技术特点更适应亚洲人的思维习惯。2000 年 11 月，CC－Link 协会（CC－Link Partner Association，CLPA）成立；到 2002 年 4 月底，CLPA 在全球拥有 250 多个会员公司。随着 CLPA 在全球进行 CC－Link 成功的推广，CC－Link 本身也在不断进步。到目前为止，CC－Link 已经包括了 CC－Link、CC－Link/LT、CC－Link V2.0 等 3 种有针对性的协议，构成 CC－Link 家族比较全面的工业现场网络体系。

CC－Link 是一个高速、稳定的通信网络，其最大通信速度可以达到 10 Mbit/s，最大通信距离可以达到 1 200 m（加中继器可以达到 13.2 km）。当 CC－Link 连接 64 个站、以

10 Mbit/s的速度进行通信时，扫描时间不超过 4 ms。CC – Link 的优异性能来源于其合理的通信方式。CC – Link 以 OSI 模型为基础，取其物理层、数据链路层和应用层，并增加了用户服务层。它的底层通信协议遵循 RS – 485，采用 3 芯屏蔽绞线，拓扑结构为总线型。CC – Link采用的是主从通信方式，一个 CC – Link 系统必须有一个主站而且也只能有一个主站，主站控制着整个网络的运行。但是为了防止主站出故障而导致整个系统的瘫痪，CC – Link可以设置备用主站，这样当主站出现故障时，自动切换到备用主站。CC – Link 提供循环传输和瞬间传输两种通信方式。在通常情况下，CC – Link 主要采用广播轮信（循环传输）的方式进行通信。

三、现场总线控制系统

现场总线控制系统主要由硬件和软件两部分组成。

（一）现场总线控制系统的硬件构成

现场总线控制系统的硬件主要由测量系统、控制系统、管理系统和通信系统等部分组成，系统结构如图 1 – 44 所示。

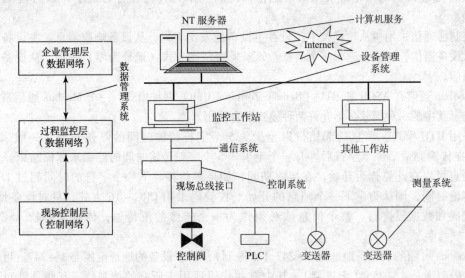

图 1 – 44　现场总线控制系统体系结构

1. 测量系统

利用现场总线及其接口，将网络上的监控计算机和现场总线单元设备（如智能变送器和智能控制阀等）连接起来，构成最底层的 Infranet 控制网络（即现场总线控制网络）。控制网络提供了一个经济、可靠、能根据控制需要优化的、灵活的设备连网平台。网络拓扑结构任意，可为总线型、星形、环形等，通信介质不受限制，可用双绞线、电源线、光缆、无线电、红外线等多种形式。

由于测量系统采用数字信号传输，具有多变量高性能测量的特点，因此，在分辨率、准确性、抗干扰、抗畸变能力等方面的性能更高。

2. 控制系统

控制系统将各种控制功能下放到现场，由现场仪表来实现测量、计算、控制和通信等功能，从而构成了一种彻底分散式的控制系统体系结构。现场仪表主要有智能变送器、智能执行器及可编程控制仪表等。

3. 设备管理系统

设备管理系统可以提供设备自身及过程的诊断信息、管理信息、设备运行状态信息、厂商提供的设备制造信息等。

4. 通信系统

通信系统中的硬件包括系统管理主机、服务器、网关、协议变换器、集线器，用户计算机及底层智能化仪表等。由现场总线控制系统形成的 Infranet 控制网很容易与 Intranet（企业网）和 Internet（因特网）连接，构成一个完整的企业网络 3 级体系结构。

网络通信设备是现场总线之间及总线与结点之间的连接桥梁。监控计算机与现场总线之间可用通信接口卡或通信控制器连接，现场总线一般可连接多个智能结点或多条通信链路。

为了组成符合实际需要的现场总线控制系统，将具有相同或不同现场总线的设备连接起来，还需要采用一些网间互连设备，如中继器（Repeater）、集线器（Hub）、网桥（Bridge）、路由器（Router）、网关（Gateway）等。

5. 计算机服务模式

客户机/服务器模式是目前较为流行的网络计算机服务模式。服务器表示数据源（提供者），客户机则表示数据的使用者，它从数据源获取数据，并进行进一步处理。客户机运行在 PC 或工作站上。服务器运行在小型机或大型机上，它使用双方的智能、资源、数据来完成任务。

6. 数据库

数据库能有组织地、动态地存储大量的有关数据与应用程序，实现数据的充分共享、交叉访问，具有高度独立性。较成熟的供选用的如关系数据库中的 Oracle、Sybas、Informix、SQL Server；实时数据库中的 Infoplus、PI、ONSPEC 等。

（二）现场总线控制系统的软件

现场总线控制系统的软件包括操作系统软件、网络管理软件、通信软件和组态软件等。

1. 操作系统

操作系统软件一般使用 Windows NT、Windows CE 或实时操作软件 VxWorks 等。

2. 网络管理软件

网络管理软件的作用是实现网络各结点的安装、删除、测试，以及对网络数据库的创建、维护等功能。例如，基金会现场总线采用网络管理代理（NMA）、网络管理者（NMgr）工作模式。网络管理者实体在相应的网络管理代理的协同下，实现网络的通信管理。

3. 通信软件

通信软件的作用是实现监控计算机与现场仪表之间的信息交换，通常使用 DDE 或 OPC 技术来完成数据交换任务。

要把不同厂商生产的部件集成在一起是件麻烦的事情，厂商需要为每个部件开发专门的驱动或服务程序，用户还需要把应用程序与这些由生产厂商提供的驱动或服务程序连接起来。OPC 技术为应用程序间的信息集成和交互提供了强有力的技术支撑。

4. 组态软件

组态软件是用户应用程序的开发工具，它具有实时多任务、接口开放、功能多样、组态灵活方便、运行可靠等特点。这类软件一般都提供能生成图形、画面、实时数据库的组态工具，简单实用的编程语言，不同功能的控制组件，以及多种 I/O 设备的驱动程序，使用户能方便地设计人机界面，形象生动地显示系统运行状况。

四、现场总线设备

现场总线设备是指连接在现场总线上的各种仪表设备。这些设备按其功能可分为：

（1）变送器类设备：温度、压力、差压变送器。

（2）执行器类设备：气动、电动执行器。

（3）转换类设备：现场总线电流转换器、电流现场总线、现场总线气压。

（4）接口类设备：PCI、指计算机与现场总线之间的接口设备。

（5）电源类设备：为现场总线供电的电源。

（6）附件类设备：连接器、安全栅、终端器、中继器等。

（一）现场总线差压变送器

1. 特点

现场总线差压变送器是现场总线系列产品之一，它是一种用于差压、绝对压、表压、液位和流量测量的高性能变送器，如日本横河电机公司推出了 Dpharp EJA 差压、压力智能变送器、美国霍尼韦尔公司开发的 ST 3000 智能差压变送器等。

现场总线差压变送器有一个内置的 PID 控制块和一个计算块，不需要另设控制设备，延迟少，实时性好，可靠性高，可灵活地实现各种复杂控制策略，并且使现场和控制室之间易于连接，大幅度地降低安装、运行和维护成本。

现场总线差压变送器在网络中可以作为主站运行，可以采用磁性工具就地组态，这在许多应用场合中省去了组态器或工程师工作站。

2. ST 3000 智能差压变送器工作原理

现场总线差压变送器采用电容式传感器（电容膜盒）作为差压感受部件，它的电容随着差压的变化而改变，详细工作原理略。下面以 ST 3000 智能差压变送器为例进行说明。

该变送器由敏感部件和转换部件两部分组成，其原理框图 1－45 所示。

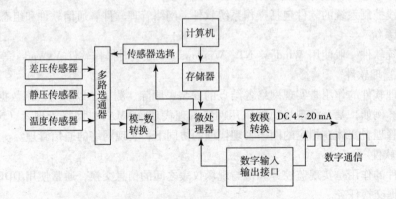

图 1－45　ST 3000 智能差压变送器原理框图

被测压力（差压）作用到传感器上，其阻值即发生相应变化。阻值变化通过电桥转换成电信号，再经过模－数转换送入微处理器。同时，环境温度和静压通过另外两个辅助传感器（温度传感器和静压传感器）转换为电信号，再经模数转换送入微处理器。经微处理器运算后送至数模转换作为变送器输出 DC 4～20 mA 标准信号或相应数字信号。

ST 3000 变送器和通常的扩散硅压力变送器相比有较大的不同。主要是敏感元件为复合芯片，并装有微处理器及引入了软件补偿。在制造变送器的过程中，将每一台变送器的压力、温度、静压特性存入变送器的 EPROM 中，工作时则通过微处理器对被测信号进行处理。

（1）敏感元件：使用无弹性后效的单晶硅材料，采用硅平面微细加工工艺和离子注入技术，形成压敏电阻。这种复合形的硅压敏电阻芯片为正方形，厚为 0.254 mm，边长为 3.43 ~ 3.75 mm，压敏电阻放置在圆形膜的边缘。相邻电阻取向不同，因而受压后的阻值变化相反。电阻值的变化由电桥检测出，由于硅单晶的许多方向都对压力敏感，因而在不同的静压下相同的差压值不能保证输出相同的信号，为此需要对静压进行修正。静压敏感电阻设置在紧靠玻璃支撑管的地方。由于硅片与玻璃的压缩系数不同，静压敏感电阻就可感受到静压信号。信号仍由电桥检出，温度敏感元件为普通的热敏电阻。

（2）转换部分：其作用是在微处理器的控制下采集传感器送来的复合信号并对其进行补偿、运算，再经模 – 数转换器转换成相应的 DC 4 ~ 20 mA 信号输出。采样的典型速率为：20 s 内，差压采集 120 次、静压采集 12 次、温度采集 1 次。微处理器根据差压、静压和温度这 3 个信号，查询记录此复合芯片特性的存储器，再经运算后得出一个高精确度的信号。

在转换部件内还有一个存储器，它是变送器的数据库，存有变送器的量程、测量单位、编号、阻尼时间、输出方式等，凡可由 S – SFC 设定的数据都存放在此数据库内。

3. 应用

从现场总线观点来看，现场总线差压变送器不仅仅是一个差压变送器，而且还是一个具有以下功能模块的网络结点：物理块、输入转换块、显示转换块、模拟量输入块、PID 控制块、信号选择器块、信号特性描述块、通用运算块、积算块。

（二）现场总线温度变送器

1. 特点

现场总线温度变送器与热电阻或热电偶配合使用，主要用于温度测量。但它也可以接受其他传感器输出的电阻和毫伏信号，例如高温计、荷重传感器、电阻式位置指示器等。现场总线温度变送器采用了数字技术，可以同时测量两路温度信号或两点的温度差信号，各种类型的传感器信号，现场设备与控制室设备之间易于连接，从而能够大幅度地降低安装、运行和维护成本。

现场总线温度变送器接受来自热电偶的毫伏信号或热电阻传感器的电阻信号。输入信号幅度必须在一定范围之内，对于毫伏信号，其范围是 – 50 ~ 500 mV，对于电阻信号，其范围是 0 ~ 200 Ω。

2. TT302 智能式温度变送器工作原理

TT302 温度变送器是 Smar 公司生产制造的符合 FF 通信协议的第一代现场总线智能仪表。它主要通过热电阻（RTD）或热电偶测量温度，也可以使用其他具有电阻或毫伏输出的传感器，例如高温计、负载传感器、电阻位置指示器等。由于采用数字技术，它能够使用多种传感器，量程范围宽，单值或差值测量，现场与控制室之间接口简单，并可大大减少安装、运行及维护的费用。TT302 具有两个通道，也就是说有两个测量点，这样可以降低每条通道的费用。

TT302 温度变送器的硬件构成原理框图如图 1 – 46 所示，在结构上它由输入板、主电路板和液晶显示器组成。

（1）输入板：包括多路转换器、信号调理电路、A/D 转换器和隔离部分，其作用是将输入信号转换为二进制的数字信号，传送给 CPU，并实现输入板与主电路板的隔离。

由于 TT302 温度变送器可以接收多种输入信号，各种信号将与不同的端子连接，因此由

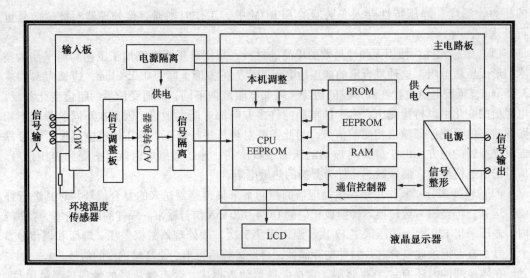

图 1 – 46　TT302 温度变送器硬件构成原理框图

多路转换器根据输入信号的类型，将相应端子连接到信号调理电路，由信号调理电路进行放大，再由 A/D 转换器将其转换为相应的数字量。

隔离部分包括信号隔离和电源隔离。信号隔离采用光电隔离，用于 A/D 转换器与 CPU 之间的控制信号和数字信号的隔离；电源隔离采用高频变压器隔离，供电直流电源先调制为高频交流，通过高频变压器后整流滤波转换成直流电压，再给输入板上各电路供电。隔离的目的是为了避免控制系统可能多点接地形成地环电流而引入干扰，保证系统的正常工作。

输入板上的环境温度传感器用于热电偶的冷端温度补偿。

（2）主电路板：包括微处理器系统、通信控制器、信号整形电路、本机调整部分和电源部分。

微处理器系统由 CPU 和存储器组成。CPU 控制整个仪表各组成部分的协调工作，完成数据传递、运算、处理、通信等功能。存储器有 PROM、RAM 和 EEPROM，PROM 用于存放系统程序；RAM 用于暂时存放运算数据；CPU 芯片外的 EEPROM 用于存放组态参数，即功能模块的参数。在 CPU 内部还有一片 EEPROM，作为 RAM 备份使用，保存标定、组态和辨识等重要数据，以保证变送器停电后电能继续按原来设定状态进行工作。

通信控制器和信号整形电路与 CPU 一起共同完成数据的通信。通信控制器实现物理层的功能，完成信息帧的编码和解码、帧校验、数据的发送与接收。信号整形电路对发送和接收的信号进行滤波和预处理等。

本机调整部分由两个磁性开关即干簧管组成，用于进行变送器就地组态和调整。其方法是在仪表的外部利用磁棒的接近或离开触发磁性开关动作，进行变送器的组态和调整，而不必打开仪表的端盖。

TT302 温度变送器是由现场总线电源通过通信电缆供电，供电电压为 DC 9 ~ 32 V。电源部分将供电电压转换为变送器内部各芯片所需电压，为其供电。变送器输出的数字信号也是通过通信电缆传送的，因此通信电缆同时传送变送器所需的电源和输出信号，这与二线制模拟式变送器类似。

（3）液晶显示器：一个微功耗的显示器，用于接收从 CPU 来的数据并显示。可以显示 4

位半数字和 5 位字母。

3. 应用

从现场总路线的观点来看，现场总线温度变送器不仅仅是一个由电子线路、外壳和传感器组成的温度变送器，同时也是一个包含以下功能块的网络结点：一个功能块、一个显示转换块、两个输入转换块、两个模拟输入块、一个 PID 控制块、一个信号选择块、一个信号特征块、一个通用运算块。

（三）电流 - 现场总线转换器

1. 特点

电流 - 现场总线转换器主要用于传统的 4 ~ 20 mA 模拟式变送器和其他各种输出信号为 4 ~ 20 mA 或 0 ~ 20 mA 的现场仪表与现场总线系统的接口。1 个转换器可以同时转换 3 路模拟量信号，它还可以提供其他形式的转换功能。它的内部可以组态 3 个模拟量输入块，1 个信号特征化功能块，1 个运算功能块，1 个输入选择功能块以及 1 个积算块。

2. 工作原理

电流 - 现场总线转换器主要由输入电路和主电路两部分构成，图 1 - 47 所示为 IF302 硬件构成框图。在输入电路中，3 路模拟量电流输入信号在 100 Ω 电阻上转换为电压信号，经多路选择器 MUX 选择后进入 A/D 转换器，转换为数字量，后经信号隔离电路进行光电隔离，再送往主电路的 CPU 中，通过组态好的功能块对信号进行必要的转换和处理，最后经调制解调器 Modem 和信号整形电路进入现场总线。

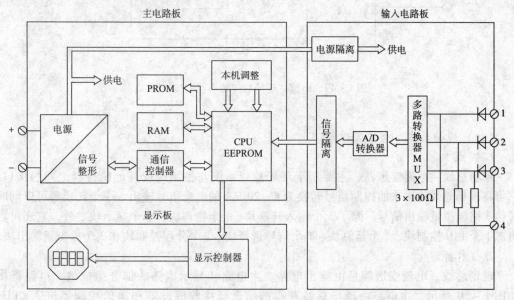

图 1 - 47 IF302 硬件构成框图

3. 安装与配线

电流 - 现场总线转换器与现场总线的连接方式可以采用总线型拓扑结构或树形拓扑结构。在干线的两端应装设终端器，包括支路在内的电缆总长度不应超过 1 900 m，支路上可以连接多个现场总线设备。图 1 - 48 所示为总线型拓扑结构示意图。

电流 - 现场总线转换器接线如图 1 - 49 所示。3 个输入具有公共接地端，转换器的输入电路具有反接保护，当输入信号极性错误时不会损坏转换器，但电源不能直接接到输入端，否则会导致输入电路损坏。

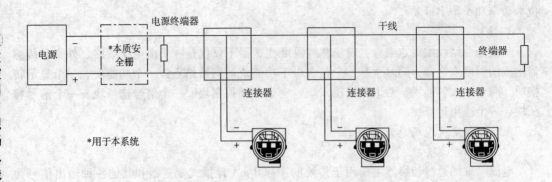

图 1-48　总线型拓扑结构示意图

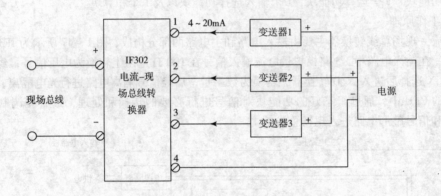

图 1-49　电流-现场总线转换器的接线图

（四）现场总线-电流变送器

1. 特点

现场总线-电流变送器，主要用于现场总线系统与控制阀或其他执行器之间的接口。它可将现场总线传输来的控制信号转换为 4~20 mA 的电流信号输出。一个转换器可以同时转换 3 路模拟量输出信号。除了 3 个输入转换块、1 个物理块和 1 个显示块之外，它还可以组态 1 个 PID 控制块、1 个运算块、1 个信号选择块、1 个分程控制块和 3 个模拟量输出块。

2. 工作原理

现场总线-电流变送器是由输出电路、主电路和显示电路 3 部分组成的，电路框图如图 1-50 所示。主电路由现场总线获得的信息经接收滤波器和通信控制器进入 CPU，由 CPU 送出的控制信号经信号隔离器进行光电隔离，然后分别送往 3 个 D\A 转换器。控制信号在D\A转换器中转换为模拟量信号送往 3 个输出电流控制电路，最后经输出端子送出 4~20 mA 的电流信号。主电路和显示电路的原理与其他现场总线设备相同，故不再重复。

转换器输出信号外部接线如图 1-51 所示。3 个输出具有公共接地端，转换器的输出回路具有反接保护，可以承受 31 V 的直流电压而不损坏。

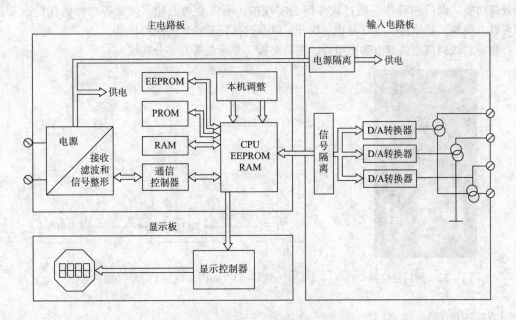

图 1-50 电路框图

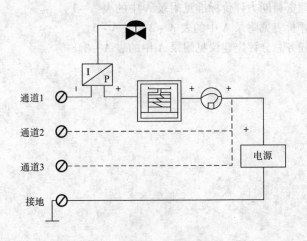

图 1-51 FI302 外部接线图

（五）现场总线阀门定位器

现场总线阀门定位器主要用于在现场总线控制系统中驱动气动执行机构。它根据现场总线送来或者由其内部控制功能块所产生的控制信号，产生一个气压信号，带动执行机构输出一个机械位移，并通过非接触的霍尔元件检测位移的大小，然后反馈到控制电路中，以便实现精确的阀门定位。阀门定位器的外形如图 1-52 所示。

阀门定位器 FY302 功能示意图如图 1-53 所示。来自控制器输出的信号 P_o（可经电/气转换器转换，得到气压 P_o）经阀门定位器比例放大的输出 P_a，用以控制执行机构动作，位置反馈信号，再送回阀门定位器，由此构成一个使阀门杆位移与输入压力或比例关系的负反馈系统。

现场总线阀门定位器的特点是实现了信息的数字传输，能够进行远程设定、自动标定、故障诊断，并提供预防性维修信息。在设备内部可以实现控制、报警、计算以及其他一些数据处理功能。阀门的特性是通过软件组态实现的，不需要对凸轮、弹簧等部件做任何改动，即可以方便地实现线性、等百分比、快开，以及其他任意设置的阀门特性。

现场总线阀门定位器由输出组件、主电路板、显示板等几部分构成。

图 1-52　阀门定位器

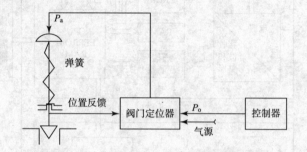

图 1-53　阀门定位器 FY302 功能示意图

任务评价

（1）收集、整理资料能力评价标准见附录 A 中的表 A-1。

（2）核心能力评价表见附录 A 中的表 A-2~表 A-5。

（3）个人单项任务总分评定建议见附录 A 中的表 A-8。

项目二

浙江中控JX-300X集散控制系统

集散控制技术在20世纪80年代进入中国市场，目前已广泛应用于电力、石油、化工、冶金、建材、制药等行业。集散控制系统在我国石化企业生产过程控制中的应用相当普及，其中日本横河和美国 Honeywell 公司的产品最多。各行业应用的实践证明了集散控制系统是可靠的、稳定的、精确的。

WebField JX-300X 系统是目前国内应用最广泛的单一型号控制系统产品，在化工、石化、冶金、建材等多个行业有着 2 000 多个成功应用案例。WebField JX-300XP 是中控在基于 JX-300X 成熟技术与性能的基础上，推出的基于 Web 技术的网络化控制系统。在继承 JX-300X 系统全集成与灵活配置特点的同时，JX-300XP 系统吸收了最新的网络技术、微电子技术成果，充分应用了最新信号处理技术、高速网络通信技术、可靠的软件平台和软件设计技术以及现场总线技术，采用了高性能的微处理器和成熟的先进控制算法，全面提高了系统性能，能适应更广泛更复杂的应用要求。

同时，作为一套全数字化、结构灵活、功能完善的开放式集散控制系统，JX-300XP 具备卓越的开放性，能轻松实现与多种现场总线标准和各种异构系统的综合集成。

任务1 JX-300X 系统的通信网络和主要设备的认知

任务目标

（1）了解 JX-300X 系统整体结构和主要特点。

（2）掌握 JX-300X DCS 基本硬件组成和各部分作用。

（3）了解通信系统的构成和特性。

任务布置

专业能力训练一 JX-300X 系统的初步认识

任务内容：了解浙江中控 JX-300X 系统的历史背景、定义、发展、特点、应用范围及技术指标，了解集散控制系统的主要设备的特点；熟悉浙江中控 JX-300X 系统硬件、软件的主要功能；了解控制站中的主要硬件，了解控制站中主要卡件的组成，然后进一步学习浙江中控 JX-300X 系统控制站主要卡件的性能和工作原理。具体要求如下：

1. 理解掌握

（1）了解 JX-300X 系统的技术指标、主要特点。

（2）了解 JX - 300X 系统硬件设备的组成、功能与特点。

（3）了解 JX - 300X 系统的通信网络构成，并比较其各种通信网络的应用场合和特性。

（4）理解 JX - 300X 系统控制站主要包括哪些部分。（组成）

（5）理解 JX - 300X 系统控制站各组成部分是什么。（部件号、部件名称）

（6）理解控制站中的主要硬件有哪些。（特点、功能和结构）

（7）熟悉集散控制系统的硬件设备：工程师站（ES）、操作站（OS）、控制站（CS）和通信网络 SCnet Ⅱ，并比较各种硬件设备的功能和特点。

（8）掌握浙江中控 JX - 300X 系统控制站中主要卡件的工作原理。（型号、类型、功能）

（9）了解浙江中控 JX - 300X 系统控制站中主要卡件的技术指标。（主控制卡、数据转发卡、系统 I/O 卡件）

2. 填写训练内容

根据上述要求，独立咨询相关信息，通过收集、整理、提炼完成表 2 - 1 ~ 表 2 - 5 的填写训练，重点研究表 2 - 4 的相关内容，评分标准见附录 A。

专业能力训练二　JX - 300X 系统的安装与设置

任务内容：了解 JX - 300X 系统现场控制站的安装内容；熟悉浙江中控 JX - 300X 系统控制站中主控制卡和数据转发卡的安装设置。具体要求如下：

（1）熟悉浙江中控 JX - 300X 系统控制站中主控制卡的网络地址、冗余方式、跳线设置。

（2）了解浙江中控 JX - 300X 系统控制站中数据转发卡的跳线设置和总线地址设置。

（3）了解浙江中控 JX - 300X 系统的操作站和通信网络，并了解其安装。

（4）根据上述要求，完成表 2 - 6 ~ 表 2 - 8 的内容填写，评分标准见附录 A。

职业核心能力训练

具体要求参见项目一中任务 1 中的"职业核心能力训练"相对应的要求。

任务实施

1. 课前预习

（1）预习 JX - 300X 系统的硬件使用手册。

（2）预习"相关知识"内容。

2. 设备与器材

图书资料、网络、教材、实验室设备、计算机。

3. 训练步骤

"专业能力训练一　JX - 300X 系统的初步认识"训练步骤

（1）根据"专业能力训练一"的要求进行分组，并分配组内各成员的角色（各角色应进行轮换，以保证每个成员在不同的岗位上都体验过工作过程），选举产生的组长，对组内各成员分配任务，并分头行动，按预定目标完成收集、整理工作。工作流程如下：

①了解"专业能力训练一"的要求。

②分组、分配角色，并填写具体分工表 2 - 1。

表 2－1　具体分工　　　　　　　　　　　　　组别：　　第　组

序　号	姓　名	角　色	任务分工
1	张三	主讲员	
2	李四	编辑员	
3	王五	点评员	
4	赵六	信息员（组长）	

③按分工要求，通过多种途径收集并编辑所需资料，并完成表 2－2～表 2－5 中所要求的任务。

④全组成员集中，将前面收集资料按要求进行整理、学习，并制作 PPT 文件准备汇报学习成果，要求在汇报中有本组创新点、闪光点。

⑤选派代表（组内成员轮流）汇报本组工作成果。

⑥小组点评员点评。

⑦集中点评，并归纳相关知识点。

表 2－2　一般了解——JX－300X 系统的信息填写

要　求 ＼ 自检		将合理的答案填入相应栏目					扣分	得分
浙江中控（Supcon）公司 DCS 的初步认知		是否了解实物	什么型号	型号含义	知道怎么用	照片		
掌握浙江中控 JX－300X 系统的硬件设备的组成、功能与特点	浙江中控 JX－300X 系统的硬件组成的框图及各部分功能	浙江中控 JX－300X 系统硬件组成的结构图						
		各部分功能	工程师站（ES）					
			操作站（OS）					
			控制站（CS）					
			通信网络 SCnet Ⅱ					
	JX－300X 系统的软件组成	软件包						
		实时监控软件						
	不同的硬件配置和软件设置可构成不同功能的控制	数据采集站						
		逻辑控制站						
		过程控制站						

项目二　浙江中控 JX-300X 集散控制系统

要　求 \ 自　检		将合理的答案填入相应栏目	扣分	得分
掌握浙江中控JX-300X系统的硬件设备的组成、功能与特点	通信网络的组成及结构	通信网络的拓扑结构		
		信息管理网Ethernet的结构图及特性　特性：		
		过程控制网络SCnet Ⅱ的结构图及特性　特性：		
		SBUS总线的结构图及特性　特性：		
	浙江中控JX-300X系统的主要特点			

表 2-3　一般了解——JX-300X 系统控制站的信息填写

要　求 \ 自　检		将合理的答案填入相应栏目		扣分	得分
了解JX-300X系统控制站的内容	组成				
了解JX-300X系统控制站中的主要硬件有哪些	系统硬件	名称	特点和功能	结构	

要求	自检	将合理的答案填入相应栏目			扣分	得分
掌握浙江中控 JX－300X 系统的硬件设备的组成、功能与特点	浙江中控 JX－300X 系统控制站卡件的命名规则、类型及功能	命名规则				
		类型及功能	型号	卡件名称	功能及输入/输出点数	

（2）对"专业能力训练一"进行评价后，简要小结本环节的训练经验并填入表2-5，进入专业能力训练二。

表2-5 "专业能力训练一"经验小结

（3）各组成员根据要求制作课件，对 PPT 文件内容及汇报过程进行评价，并对本环节存在的问题进行评价。（依照附录 A 的评价指标进行）

"专业能力训练二 JX-300X 系统的安装与设置"训练步骤

（1）根据"专业能力训练二"中的要求，继续采用"专业能力训练一"中的方法，对浙江中控 JX-300X 系统的现场控制站的安装内容、主控制卡和数据转发卡的安装设置等进行了解和学习，为任务二的开展打下基础。工作流程如下：

①学习了解"专业能力训练二"的要求。

②按照前面的分组、重新分配角色，具体分工参照表2-1。

③按照分工要求，参照"专业能力训练一"中方法收集所需资料，并进行按要求进行整理，完成表2-6～表2-8，并制作 PPT 文件。

④讲解员（组内成员轮流）汇报本组工作成果。

⑤集中点评，并归纳相关知识点。

表2-6 浙江中控 JX-300X 系统控制站的安装核心信息填写

要求＼自检		将合理的答案填入相应栏目		扣分	得分
掌握浙江中控 JX-300X 系统的控制站各卡件的结构及性能指标	主控制卡（SP243X）	卡件结构图			
		各指示灯含义			
		网络地址设置			
	数据转发卡（SP233）	卡件结构图			
		各指示灯含义			
		网络地址设置			

自检 要求			将合理的答案填入相应栏目	扣分	得分
掌握浙江中控JX-300X系统的控制站各卡件的结构及性能指标	系统 I/O	电流信号输入卡（SP313）	性能指标：		
		电压信号输入卡（SP314）	性能指标：		
		热电阻信号输入卡（SP316）	性能指标：		
		模拟信号输出卡（SP322）	性能指标：		
		开关量输出卡（P362）	性能指标：		

表2-7　主控制卡（SP243X）与数据转发卡（SP233）指示灯比较

自检 指示灯	主控制卡（SP243X）	数据转发卡（SP233）	扣分	得分
FAIL				
RUN				
WORK				
stdby：		COM：		
LED-A LED-B：		POWER：		
SLAVE：				
PORT-A PORT-B：				

（2）"专业能力训练二"进行评价后，简要小结本环节的训练经验并填入表2-8，进入"职业核心能力训练"。

表2-8　"专业能力训练二"经验小结

（3）对PPT文件内容及汇报过程进行评价，并对本环节存在的问题进行评价。（依照任务评价的评价指标进行）

"职业核心能力训练"训练步骤

参照项目一中任务 1 中的"职业核心能力训练"实施过程。

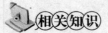**相关知识**

一、JX-300X 系统基础知识

（一）总体概述

JX-300X 系统的整体结构如图 2-1 所示。

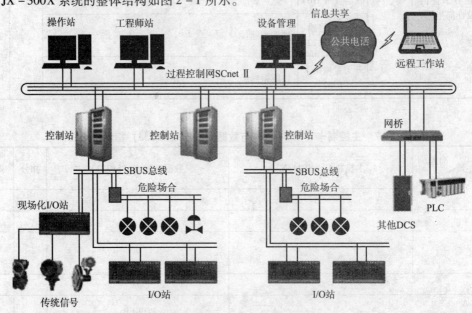

图 2-1　JX-300X 系统结构

　　基本组成包括控制站（CS）、操作站（OS）、工程师站（ES）和通信网络。在通信网络上挂接通信接口单元（CIU）可实现 JX-300X 与 PLC 等数字设备的连接；通过多功能站（MFS）和相应的软件 Advantrol-PIMS 或 OPC 接口可实现与企业管理计算机网的信息进行交换，实现企业网络环境下的实时数据采集、实时流程查看、实时趋势浏览、报警记录与查看、开关量变位记录等功能，从而实现整个企业生产过程的管理、控制全集成综合自动化。

　　1. 系统主要设备

　　（1）控制站（CS）挂接在 SCnet II 网上，直接控制生产过程的计算机。

　　控制站相当于一个功能扩展了的计算机，由主控制卡（CPU 卡或主机卡）内部总线（SBUS）I/O 卡件（1-16）数据转发卡（扩展 I/O 单元）组成。

　　不同的硬件配置和软件设置可构成不同功能的控制站：数据采集站（DAS）、逻辑控制站（LCS）、过程控制站（PCS）。

　　①数据采集站（DAS）：提供对模拟量和开关量信号的基本监视功能，AI/AO <=384 点或 DI/DO <=1024 点。

　　②逻辑控制站（LCS）：提供马达控制和继电器类型的离散逻辑功能，AI <=64 点或 DI/DO <=1 024 点。

③过程控制站（PCS）：提供常规回路控制的所有功能和顺序控制方案，AI<=25点，AO<=128或DI/DO<=1024点。

④控制站（CS）：实现对物理位置、控制功能都相对分散的现场生产过程进行控制的主要硬件设备。

（2）操作站（OS）：由工业PC、CRT、键盘、鼠标、打印机等组成的人机接口设备。

（3）工程师站（ES）：集散控制系统中用于控制应用软件组态、系统监视、系统维护的工程设备。

（4）通信接口单元（CIU）：用于实现JX-300X系统与其他计算机、各种智能控制设备接口的硬件设备。

（5）多功能站（MFS）：用于工艺数据的实时统计、性能运算、优化控制、通信转发等特殊功能的工程设备。

（6）过程控制网（SCnetⅡ）：控制站、操作站、通信接口单元等硬件设备连接起来，构成一个完整的分布式控制系统，实现系统各结点间相互通信的网络。

2. 系统软件

众所周知，计算机仅有硬件是无法工作的。为进行系统设计并使系统正常运行，JX-300X系统除硬件设备外，还配备了给CS、OS、MFS等进行组态的专用软件包。

实时监控软件：AdvanTrol/AdvanTrol-Pro完成实时监视、操作、记录、打印、事故报警。

（二）通信网络

JX-300X系统为了适应各种过程控制规模和现场要求，通信系统对于不同结构层次分别采用了信息管理网、SCnetⅡ网络和SBUS总线。JX-300X集散控制系统的通信网络由信息管理网、过程控制网构成，其典型的拓扑结构如图2-2所示。

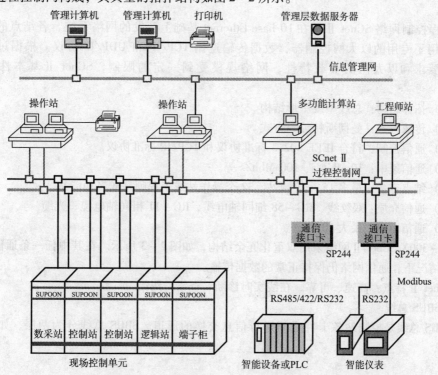

图2-2　JX-300X系统网络结构示意图

1. 信息管理网 Ethernet

信息管理网连接各个控制装置的网桥和企业各类管理计算机，用于工厂级的信息传送和管理，是实现全厂综合管理的信息通道。通过在多功能站 MFS 上安装双重网络接口（信息管理和过程控制网络）转接的方法，获取集散控制系统中过程参数和系统运行信息，同时向下传送上层管理计算机的调度指令和生产指导信息。管理网采用大型网络数据库实现信息共享，并可将各种装置的控制系统连入企业信息管理网，实现工厂级的综合管理、调度、统计和决策等。

信息管理网的基本特性为：

（1）拓扑结构：总线形或星形结构。

（2）传输方式：曼彻斯特编码方式。

（3）通信控制：符合 IEEE 802.3 标准协议和 TCP/IP 标准协议。

（4）通信速率：10 Mbit/s、100 Mbit/s、1 Gbit/s 等。

（5）网上站数：最大 1 024 个。

（6）通信介质：双绞线（星形连接）、50 Ω 细同轴电缆、50 Ω 粗同轴电缆（总线型连接，带终端匹配器）、光纤等。

（7）通信距离：最大距离为 10 km。

（8）信息管理网开发平台：采用 PIMS 软件。

2. 过程控制网络 SCnet Ⅱ

JX – 300X 系统采用了双高速冗余工业以太网 SCnet Ⅱ 作为其过程控制网络。它直接连接了系统的控制站、操作站、工程师站、通信接口单元等，是传送过程控制实时信息的通道，具有很高的实时性和可靠性。通过挂接网桥，SCnet Ⅱ 可以与上层的信息管理网或其他厂家设备连接。

过程控制网络 SCnet Ⅱ 是在 10 base Ethernet 基础上开发的网络系统，各结点的通信接口均采用了专用的以太网控制器，数据传输遵循 TCP/IP 和 UDP/IP 协议。根据过程控制系统的要求和以太网的负载特性，网络规模受到一定的限制，SCnet Ⅱ 基本性能指标如下：

（1）拓扑结构：总线型或星形结构。

（2）传输方式：曼彻斯特编码方式。

（3）通信控制：符合 IEEE 802.3 标准协议和 TCP/IP 标准协议。

（4）通信速率：10 Mbit/s、100 Mbit/s 等。

（5）结点容量：最多 15 个控制站、32 个操作站或工程师站或多功能站。

（6）通信介质：双绞线、RG – 58 细同轴电缆、RG – 11 粗同轴电缆、光缆。

（7）通信距离：最大 10 km。

JX – 300X SCnet Ⅱ 网络采用双重化冗余结构，如图 2 – 3 所示。在其中任一条通信线发生故障的情况下，通信网络仍保持正常的数据传输。

SCnet Ⅱ 特点：高速、可靠、在线实时诊断、查错、纠错。

3. SBUS 总线

SBUS 总线是控制站各卡件之间进行信息交换的通道。SBUS 总线分为两层，如图 2 – 4 所示。

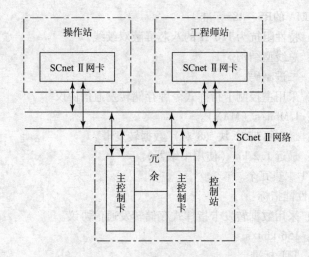

图 2-3 SCnet Ⅱ 网络双重化冗余结构示意图

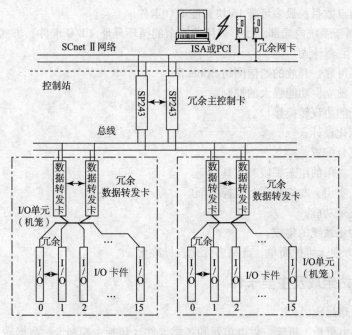

图 2-4 SBUS 总线图

第一层为双重化总线 SBUS-S2。SBUS-S2 总线是系统的现场总线, 物理上位于控制站所管辖的 I/O 机笼之间, 连接了主控制卡和数据转发卡, 用于主控制卡与数据转发卡间的信息交换。

第二层为 SBUS-S1 网络。物理上位于各 I/O 机笼内, 连接了数据转发卡和各块 I/O 卡件, 用于数据转发卡与各块 I/O 卡件间的信息交换。

BUS-S1 和 SBUS-S2 合起来称为 JX-300X DCS 的 SBUS 总线, 主控制卡通过它们来管理分散于各个机笼内的 I/O 卡件。SBUS-S2 级和 SBUS-S1 级之间为数据存储转发关系, 按 SBUS 总线的 S2 级和 S1 级进行分层寻址。

SBUS-S2 总线性能指标:

(1) 用途: 主控制卡与数据转发卡之间进行信息交换的通道。

（2）电气标准 EIA 的 RS - 485 标准。

（3）通信介质：特性阻抗为 120 Ω 的八芯屏蔽双绞线。

（4）拓扑结构：总线型结构。

（5）传输方式：二进制码。

（6）通信协议：采用主控制卡指挥式令牌存储转发通信协议。

（7）通信速率：1 Mbit/s（MAX）。

（8）结点数目：最多可带 16 块（8 对）数据转发卡。

（9）通信距离：最远 1.2 km（使用中继器）。

（10）冗余度：1:1 热冗余。

SBUS - S1 总线性能指标：

（1）通信控制：采用数据转发卡指挥式存储转发通信协议。

（2）传输速率：156 kbit/s。

（3）电气标准：TTL 标准。

（4）通信介质：印制电路板连线。

（5）网上结点数目：最多可带 16 块智能 I/O 卡件。

SBUS - S1 属于系统内局部总线，采用非冗余的循环寻址（I/O 卡件）方式。

（三）系统主要特点

（1）高速、可靠、开放的通信网络 SCnet Ⅱ。

（2）分散、独立、功能强大的控制站。

（3）多功能的协议转换接口。

（4）全智能化设计。

（5）任意冗余配置。

（6）简单、易用的组态手段和工具。

（7）丰富、实用、友好的实时监控界面。

（8）事件记录功能。

（9）与异构化系统的集成。

（10）安装方便、维护简单、产品多元化、标准化。

二、控制站组成及主要卡件

（一）控制站组成

控制站主要由机柜、机笼、供电单元和各类卡件（包括主控制卡、数据转发卡和各种 I/O 卡件）组成。

1. 机柜

机柜采用拼装结构，外壳均采用金属材料（钢板或铝材），活动部分（如柜门与机柜主体）之间保证良好的电气连接，为内部的电子设备提供完善的电磁屏蔽。机柜应可靠接地，接地电阻应小于 4 Ω。机柜顶部安装两个散热风机，底部安装有可调整尺寸的电缆线入口，侧面安装有可活动的汇线槽，具体如图 2 - 5、图 2 - 6 所示。

2. 机笼

JX - 300X DCS 控制站机械结构设计，符合硬件模块化的总线结构设计要求，采用了插拔卡件方便、容易扩展的带导轨的机笼框架结构。JX - 300X DCS 的机笼为一体化机笼（SP211），如图 2 - 7 所示。

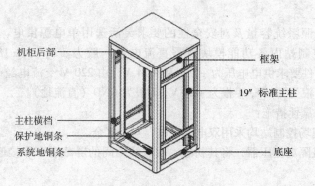

机柜后部

框架

19″ 标准主柱

主柱横档

保护地铜条

系统地铜条

底座

图 2 – 5　XP209 机柜分解图

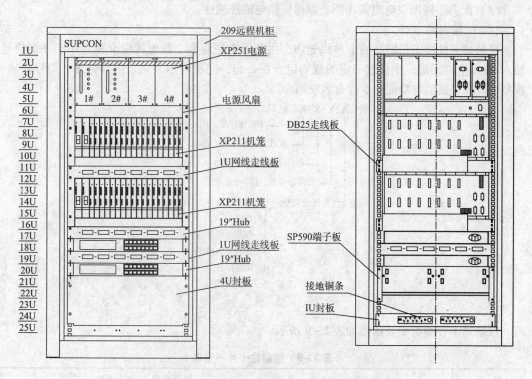

1U
2U
3U
4U
5U
6U
7U
8U
9U
10U
11U
12U
13U
14U
15U
16U
17U
18U
19U
20U
21U
22U
23U
24U
25U

SUPCON

1#　2#　3#　4#

209远程机柜

XP251电源

电源风扇

XP211机笼

1U网线走线板

XP211机笼

19″Hub

1U网线走线板

19″Hub

4U封板

DB25走线板

SP590端子板

接地铜条

IU封板

图 2 – 6　XP209 机柜正面、背面布置图

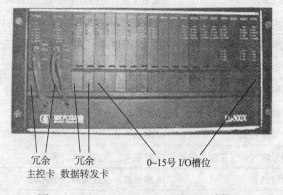

冗余
主控卡

冗余
数据转发卡

0~15号 I/O槽位

图 2 – 7　JX – 300X DCS 机笼正面结构图

3. 电源

电源配置可按照系统容量及对安全性的要求灵活选用单电源供电、冗余双电源供电等配电模式。现场控制站内各功能模块所需直流电源一般为 ±5 V、±15 V（或 ±12 V）和 +24 V。控制站卡件要求供电电压为 +5 V 和 +24 V，由 220 V 交流电经过电源转换，引出 5 根电源线，其中 2 根为 +5 V，1 根为 +24 V，2 根为 GND（直流地）。

电源系统的可靠性措施：

（1）每一个现场控制站均采用双电源供电，互为冗余。

（2）采用超级隔离变压器，将其初级、次级线圈间的屏蔽层可靠接地，以克服共模干扰的影响。

（3）采用交流电子调压器，快速稳定供电电压。

（4）配有不间断供电电源 UPS，以保证供电的连续性。

（二）控制站卡件

控制站卡件位于控制站的卡件机笼内，主要由主控制卡、数据转发卡和 I/O 卡（即信号输入/输出卡）组成。卡件按一定的规则组合在一起，完成信号采集、信号处理、信号输出、控制、计算、通信等功能。卡件命名规则为：

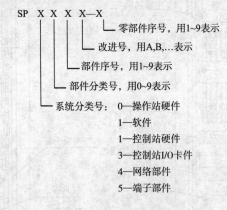

控制站卡件的类型及功能如表 2-9 所示。

表 2-9　控制站卡件一览表

型　号	卡件名称	性能及输入/输出点数
SP243X	主控制卡（SCnet Ⅱ）	负责采集、控制和通信等，10 Mbit/s
SP244	通信接口卡（SCnet Ⅱ）	RS232/RS485/RS422 通信接口，可以与 PLC、智能设备等通信
SP233	数据转发卡	SBUS 总线标准，用于扩展 I/O 单元
SP313	电流信号输入卡	4 路输入，可配电，分组隔离，可冗余
SP314	电压信号输入卡	4 路输入，分组隔离，可冗余
SP315	应变信号输入卡	2 路输入，点点隔离
SP316	热电阻信号输入卡	2 路输入，点点隔离，可冗余
SP317	热电阻信号输入卡（定制小量程）	2 路输入，点点隔离，可冗余
SP322	模拟信号输出卡	4 路输出，点点隔离，可冗余
SP323	4 路 PWM 输出卡	总脉宽长为 200 ms，与 SP542 端子板配合用

型　号	卡件名称	性能及输入输出点数
SP334	4 路 SOE 信号输入卡	4 点分组隔离型
SP335	脉冲量输入卡	4 路输入，最高响应频率 10 kHz
SP341	位置调节输出卡（PAT 卡）	1 路模入，2 路开入、2 路开出
SP361	电平型开关量输入卡	7/8 路输入，统一隔离
SP362	晶体管触点开关量输出卡	7/8 路输出，统一隔离
SP363	触点型开关量输入卡	7/8 路输入，统一隔离
SP364	继电器开关量输出卡	7 路输出，统一隔离
SP000	空卡	I/O 槽位保护板

控制站所有的卡件，都按智能化要求设计，系统内部实现了全数字化的数据传输和信息处理，即均采用专用的工业级、低功耗、低噪声微控制器，负责该卡件的控制、检测、运算、处理、传输以及故障诊断等工作。同时，其中 I/O 卡件采用了智能调理和先进信号前端处理技术，降低了信号调理的复杂性，减轻了主控制卡 CPU 的负荷，加快系统的信号处理速度，增强了每块卡件在系统中的自洽性，提高了整个系统的可靠性。智能化卡件设计也实现了 A/D、D/A 信号的自动调校和故障自诊断，使卡件调试简单化。所有卡件都采用了统一的外形尺寸，都具有 LED 的卡件的状态指示和故障指示功能，如电源指示、工作/备用指示、运行指示、故障指示、通信指示灯。

1. 主控制卡（SP243X）

主控制卡（SP243X）是控制站的软硬件核心，负责协调控制站内的所有软硬件关系和各项控制任务，如完成控制站中的 I/O 信号处理、控制计算、与上下网络通信控制处理、冗余诊断等功能。主控制卡的功能和性能将直接影响系统功能的可用性、实时性、可维护性和可靠性。

控制站作为 SCnet Ⅱ 的结点，其网络通信功能由主控卡承担。JX－300X 中，每个控制站安装两块互为冗余的主控制卡，分别安装在主机笼的主控制卡槽位内。主控制卡结构如图 2－8 所示，其面板上有 2 个互为冗余的 SCnet Ⅱ 通信口和 7 个 LED 状态指示灯。

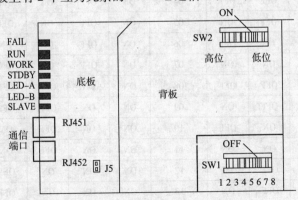

图 2－8　主控制卡结构示意图

（1）网络端口：

①PORT－A（RJ451）通信端口 0：通过双绞线 RJ45 连接器与冗余网络 Scnet Ⅱ 的 0#网络相连。

②PORT – B（RJ452）通信端口 1：通过双绞线 RJ45 连接器与冗余网络 Scnet Ⅱ 的 1#网络相连。

（2）SBUS 总线接口：主控制卡的 Slave CPU 负责 SBUS 总线（I/O 总线）的管理和信息传输，通过欧式接插件物理连接实现了主控制卡与机笼内母板之间的电气连接，将 SP243X 的 SBUS 总线引至主控制机笼，机笼背部右侧安装有两个冗余的 SBUS 总线接口（DB9 芯插座）。

（3）LED 状态指示灯：

①FAIL：故障报警或复位指示。

②RUN：工作卡件运行指示。

③WORK：工作/备用指示。

④STDBY：准备就绪指示，备用卡件运行指示。

⑤LED – A：本卡件的通信网络端口 0 的通信状态指示灯。

⑥LED – B：本卡件的通信网络端口 1 的通信状态指示灯。

⑦SLAVE：Slave CPU 运行指示，包括网络通信和 I/O 采样运行指示。

冗余主控制卡处于正常工作过程中，RUN 是工作卡件的运行指示，STDBY 是备用卡件的运行指示，而工作卡的 STDBY 和备用卡 RUN 都处于"暗"的状态。

主控制卡的网络（Scnet Ⅱ）结点地址：利用拨号开关 SW2 的 S4、S5、S6、S7、S8 共 5 位来设置，采用二进制码计数方法读数，其中自左至右代表高位到低位，即左侧 S4 为高位，右侧 S8 为低位。详细设置如表 2 – 10 所示。

表 2 – 10　主控制卡的网络结点地址（Scnet Ⅱ）设置

地址选择 SW2					地址	地址选择 SW2					地址
S4	S5	S6	S7	S8		S4	S5	S6	S7	S8	
					–	ON	OFF	OFF	OFF	OFF	16
					–	ON	OFF	OFF	OFF	ON	17
OFF	OFF	OFF	ON	OFF	02	ON	OFF	OFF	ON	OFF	18
OFF	OFF	OFF	ON	ON	03	ON	OFF	OFF	ON	ON	19
OFF	OFF	ON	OFF	OFF	04	ON	OFF	ON	OFF	OFF	20
OFF	OFF	ON	OFF	ON	05	ON	OFF	ON	OFF	ON	21
OFF	OFF	ON	ON	OFF	06	ON	OFF	ON	ON	OFF	22
OFF	OFF	ON	ON	ON	07	ON	OFF	ON	ON	ON	23
OFF	ON	OFF	OFF	OFF	08	ON	ON	OFF	OFF	OFF	24
OFF	ON	OFF	OFF	ON	09	ON	ON	OFF	OFF	ON	25
OFF	ON	OFF	ON	OFF	10	ON	ON	OFF	ON	OFF	26
OFF	ON	OFF	ON	ON	11	ON	ON	OFF	ON	ON	27
OFF	ON	ON	OFF	OFF	12	ON	ON	ON	OFF	OFF	28
OFF	ON	ON	OFF	ON	13	ON	ON	ON	OFF	ON	29
OFF	ON	ON	ON	OFF	14	ON	ON	ON	ON	OFF	30
OFF	ON	ON	ON	ON	15	ON	ON	ON	ON	ON	31

表中：ON 表示"1"；"OFF"表示"0"。

主控制卡的网络地址不可设置为 00#、01#。

如果主控制卡按非冗余方式配置，即单主控制卡工作，卡件的网络地址必须有以下格式：I、$I+1$，其中 I 必须为偶数，$2 \leqslant I < 31$，而且 $I+1$ 的地址被占用，不可作其他结点地址用。例如，地址 02#、04#、06#。

如果主控制卡按冗余方式配置，两块互为冗余的主控制卡的网络地址必须设置为以下格式：I、$I+1$ 连续，且 I 必须为偶数，$2 \leqslant I < 31$。例如，地址 02# 与 03#，04# 与 05#。

主控制卡网络地址设置有效范围：JX-300X 系统中最多可有 15 个控制站，对 TCP/IP 地址采用表 2-11 的系统约定。

表 2-11　TCP/IP 地址的系统约定

类　别	地址范围		备　注
	网络码	IP 地址	
控制站地址	128.128.1	2～31	每个控制站包括两块互为冗余主控制卡，同一块主控制卡享用相同的 IP 地址，两个网络码
	128.128.2	2～31	

注：网络码 128.128.1 和 128.128.2 代表两个互为冗余的网络。在控制站表现为两个冗余的通信口，上为 128.128.1，下为 128.128.2，如图 2-9 所示。

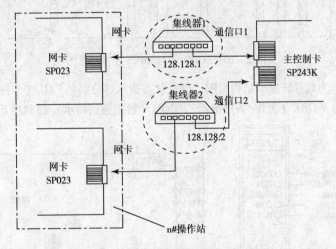

图 2-9　主控制卡网络安装调试示意图

SW2 的 S1 位是本卡件的 SBUS 总线端口波特率设置位。OFF 时，通信速度为 625 kbit/s；ON 时，通信速度为 156.25 kbit/s。主控制卡的波特率设置必须与数据转发卡波特率设置保持一致，否则 SBUS 不能正常工作，主控制卡无法与 I/O 卡件正常通信。

J5（图 2-8 中）实现 RAM 后备电池开/断跳线控制。当 J5 插入短路块时（ON），卡件内置的后备电池将工作。如果用户需要强制清除主控制卡内 SRAM 的数据（包括系统配置、控制参数、运行状态等），只需拔去 J5 上的短路块。出厂时的默认设置为 ON，后备电池处于上电状态，在掉电的情况下组态数据不会丢失。

卡件供电为 DC 5 V，280 mA；DC 24 V，5 mA。

2. 数据转发卡（SP233）

数据转发卡（SP233）是系统 I/O 机笼的核心单元，是主控制卡连接口 I/O 卡件的中间环节，它一方面驱动 SBUS 总线，另一方面管理本机笼的 I/O 卡件。通过数据转发卡，一块控制卡（SP243X）可扩展 1～8 个 I/O 机笼，即可以扩展 16～128 块不同功能的 I/O 卡件。

图 2 – 10所示为 SP233 数据转发卡与 SBUS 连接示意图。新型数据转发卡不同于 SP231 卡，它具有冷端温度采集功能，负责整个 I/O 单元的冷端温度采集。

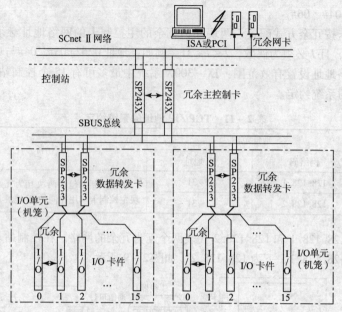

图 2 – 10　SP233 卡与 SBUS 连接示意图

图 2 – 11 所示为数据转发卡结构简图，LED 状态指示灯分别是 FAIL（卡件故障指示）、RUN（卡件运行指示）、WORK（工作/备用指示）、COM（数据通信指示）和 POWER（电源指示）。

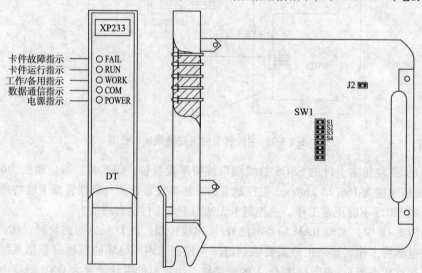

图 2 – 11　SP233 数据转发卡结构图

SP233 地址（SBUS 总线）跳线 S1 ~ S4（SW1）：

SP233 卡件上共有 8 对跳线，其中 4 对跳线 S1 ~ S4 采用二进制码计数方法读数，用于设置卡件在 SBUS 总线中的地址，S1 为低位（LSB），S8 为高位（MSB）；一对选频跳线用于设置通信波特率。跳线用短路块插上为 ON，不插上为 OFF。SP233 跳线 S1 ~ S4 与地址的关系如表 2 – 12 所示。

表 2 – 12　数据转发卡 SP233 跳线与地址关系

地址选择跳线				地址	地址选择跳线				地址
S4	S3	S2	S1		S4	S3	S2	S1	
OFF	OFF	OFF	OFF	00	ON	OFF	OFF	OFF	08
OFF	OFF	OFF	ON	01	ON	OFF	OFF	ON	09
OFF	OFF	ON	OFF	02	ON	OFF	ON	OFF	10
OFF	OFF	ON	ON	03	ON	OFF	ON	ON	11
OFF	ON	OFF	OFF	04	ON	ON	OFF	OFF	12
OFF	ON	OFF	ON	05	ON	ON	OFF	ON	13
OFF	ON	ON	OFF	06	ON	ON	ON	OFF	14
OFF	ON	ON	ON	07	ON	ON	ON	ON	15

按非冗余方式配置（即单卡工作时），SP233 卡件的地址 I 必须符合以下格式：I 必须为偶数，$0 \leq I < 15$，而且 $I + 1$ 的地址被占用，不可作其他结点地址用。在同一个控制站内，把 SP233 卡件配置为非冗余工作时，只能选择偶数地址号，即 0#、2#、4#……。

按冗余方式配置时，两块 SP233 卡件的 SBUS 地址必须符合以下格式：I、$I + 1$ 连续，且 I 必须为偶数，$0 \leq I < 15$，SP233 地址在同一 SBUS 总线中，即同控制站内统一编址，不可重复。

SP233 波特率设置 S8（SW1 的第 8 个跳线）：本卡件的 SBUS 总线端口波特率设置位。OFF 时，通信速度为 625 kbit/s；ON 时，通信速度为 156.25 kbit/s。

SW1 拨位开关的 S5 ~ S7 为系统保留资源。

J2 冗余跳线：采用冗余方式配置 SP233 卡件时，互为冗余的两块 SP233 卡件的 J2 跳线必须都用短路块插上（ON）。

3. 系统 I/O 卡件

控制站卡件除了主控制卡、数据转发卡外，还设置了多种 I/O 卡件。

（1）电流信号输入卡（SP313）：

功能：带模拟量信号调理功能的 4 路智能信号采集卡，并可为 4 路变送器提供 + 24 V 的隔离电源。

输入点数：4 点，分组隔离（两点为一组）。

分 辨 率：15 bit，带极性。

输入阻抗：200 Ω。

隔离电压：现场与系统之间 500 V AC。

共模抑制比：≥120 dB。

卡件供电：+5 V：<35 mA；+24 V：4 路均配电：<160 mA（MAX）；4 路均不配电：<30 mA（MAX）。

配电方式：+24 VDC。

短路保护电流（配电情况下）：<30 mA。

精度：对于不同的输入信号，SP313 卡可调理的范围及精度——Ⅱ型标准电流时，测量范围 0 ~ 10 mA，精度 ±0.1% FS；Ⅲ型标准电流时，测量范围 4 ~ 20 mA，精度 ±0.1% FS。

（2）电压信号输入卡（SP314）：

输入点数：4 点，分组隔离。

分辨率：15 bit，带极性。

输入阻抗：>1 MΩ。

隔离电压：现场与系统之间 500 V AC，通道间 500 V AC。

共模抑制比：大于等于 120 dB。

卡件供电：+5 V，<30 mA。

精度：对于不同的输入信号，SP314 卡有不同的范围及精度，可参考相关的 JX‒300X 使用手册。

（3）热电阻信号输入卡（SP316）：

输入点数：2 点，（点点隔离）。

分辨率：15 bit，带极性。

输入阻抗：>1 MΩ。

隔离电压：现场与系统之间 500 V AC，两组通道间 500 V AC。

共模抑制比：大于等于 120 dB。

卡件供电：+5 V，<35 mA。

精度：对于不同的输入信号，SP316 卡有不同的范围及精度，可参考相关的 JX‒300X 使用手册。

（4）模拟信号输出卡（SP322）：

输出点数：4 点，点点隔离，具有输出自检。

输出信号：0~10 mA 或 4~20 mA，可组态选择。

输出负载：<1.5 kΩ（0~10 mA），<750 Ω（4~20 mA）。

精度：0.1% FS。

线性度：0.025% FS。

隔离电压：现场与系统之间 500 V AC。

冗余方式：1∶1 热冗余。

卡件供电：+5 V，<30 mA；+24 V，<100 mA。

（5）开关量输出卡（P362）：

电源功耗：5 V DC 20 mA（MAX），24 V DC 20 mA（MAX）。

电压的范围：5C 系统，4.8~5.2 V；24 V 系统 23.5~24.5 V。

输出点数：7 点或 8 点（跳线选择）。

触点类型：晶体管开关触点（无源）。

隔离方式：光电隔离。

隔离电压：现场侧与系统侧之间 500 V AC。

4. 系统端子板

系统端子板由安装有端子的印制电路板和端子盒构成，端子盒起固定和保护作用。JX‒300X 系统现场信号线可采用端子板转接，再进入相关功能的 I/O 卡件。端子板上具有滤波、抗浪涌冲击、过流保护、驱动等功能电路，提供对信号的前期处理及保护功能。

🛠️ **任务评价**

（1）收集、整理资料能力评价标准见附录中的表 A‒1。

（2）核心能力评价表见附录中的表 A‒2~表 A‒5。

（3）个人单项任务总分评定建议见附录中的表 A‒8。

任务 2　系统组态、实时监控、调试维护

任务目标

（1）了解 JX－300X DCS 专用组态软件包的组成。

（2）掌握组态的概念和 JX－300X 组态软件的基本用法。

（3）掌握流程图制作软件的特点及使用流程。

（4）掌握实时监控软件的特点和使用。

（5）了解系统的维护和调试方法。

任务布置

专业能力训练一　JX－300X DCS 专用组态软件认识

任务内容：了解组态软件的作用及其特点，然后进一步学习浙江中控 JX－300X 系统的组态软件的使用和功能。具体要求如下：

1. 理解掌握

（1）了解 SCKey 组态软件主要包括哪些部分。（组态内容）

（2）了解 SCKey 组态软件各组成部分是什么。（主要功能、操作使用方法）

（3）了解 JX－300X DCS 系统组态的主要规格有哪些。（最大规模、最大容量）

（4）能表述 JX－300X DCS 系统的流程图制作软件的作用。（特点、功能）

（5）了解 SCDraw 流程图制作软件的绘制。（绘制流程）

（6）了解 AdvanTrol 软件的安装要求，并理解加密狗的作用。

2. 填写训练内容

根据上述要求，独立咨询相关信息，通过收集、整理、提炼完成表 2－13～表 2－16 填写训练，重点研究表 2－14 的相关内容，评分标准见附录 A。

专业能力训练二　系统实时监控软件的深入认识

任务内容：了解系统实时监控软件的特点、软件的启动与登录，然后进一步学习系统实时监控软件的实时监控操作画面和系统调试的步骤及系统维护内容。具体要求如下：

1. 理解掌握

（1）了解系统实时监控软件有何特性。（软件特点）

（2）了解系统实时监控软件怎样使用。（启动、登录）

（3）了解系统实时监控软件的实时监控画面的主要内容有哪些。（实时监控画面组成）

（4）理解 JX－300X DCS 系统的操作员键盘的特性。（组成、特点）

（5）了解实时监控操作画面的内容。（实时监控操作画面的组成）

（6）了解系统调试的步骤及系统维护内容。

2. 填写训练内容

根据上述要求，独立咨询相关信息，通过收集、整理、提炼完成表 2－17～表 2－20 的填写训练，重点研究表 2－18、表 2－19 的相关内容，评分标准见附录 A。

职业核心能力训练

具体要求参见项目一中任务 1 中的"职业核心能力训练"相对应的要求。

操作能力训练　SCKey 组态软件的操作

任务内容：熟练运用 SCKey 组态软件（组态窗口的基本操作、总体信息组态、控制站组态和操作站组态）。具体要求如下：

1. 理解掌握

（1）SCKey 组态软件的主画面及各菜单的功能。

（2）掌握控制站 I/O 组态步骤（包括数据转发卡、I/O 卡件、信号点、信号点参数设置组态）。

（3）掌握常规控制方案的组态方法和步骤。

（4）培养学生严谨的科学态度和工作作风。

2. 完成实训内容

根据上述要求，独立完成实训内容，评分标准见附录 A。

任务实施

1. 课前预习

（1）复习 JX-300X 系统控制站的组成，控制站中主要卡件的类型和功能。

（2）预习"相关知识"内容。

（3）预习 JX-300X 系统的软件使用手册。

2. 设备与器材

图书资料、网络、教材、实验室设备、计算机。

3. 训练步骤

"专业能力训练一　JX-300XDCS 专用组态软件认识"训练步骤

（1）指导教师简要说明"专业能力训练一"的要求后，学生首先分组，并分配组内各成员的角色（各角色应进行轮换，以保证每个学生在不同的岗位上都体验过工作过程），选举产生的组长按指导教师要求对组内各成员分配任务，并分头行动，按预定目标完成收集、整理工作。工作流程如下：

①了解"专业能力训练一"的要求。

②分组、分配角色，并填写具体分工表（任务一中表 2-1）。

③按分工要求，通过多种途径收集并编辑所需资料，对组态软件的作用及其特点、浙江中控 JX-300X 系统的组态软件的使用和功能等进行了解和学习，为后面的任务开展打下基础，并完成表 2-13 至表 2-16 所要求的任务。

④全组成员集中，将前面收集资料按要求进行整理、学习，并制作 PPT 文件准备汇报学习成果，要求在汇报中有本组创新点、闪光点。

⑤选派代表（组内成员轮流）汇报本组工作成果。

⑥小组点评员点评。

⑦集中点评，并归纳相关知识点。

表 2 - 13　一般了解 SCKey 组态软件的信息填写

要求 / 自检		将合理的答案填入相应栏目		扣分	得分
了解 JX - 300X 系统 SCKey 组态软件的内容	组态过程（组态 3 个步骤）（要求：列出各部分组态的流程）				
知道 JX - 300X 系统 SCKey 组态软件是什么	组成 SCKey 组态软件主画面的 5 个部分	名称	主要功能		
了解 JX - 300X 系统 SCKey 组态软件的主要规格有哪些	组态规格（试列出 10 项）	内容	规格	最大规模和最大容量	

表 2 - 14　核心理解 SCDraw 流程图制作软件信息填写

要求 / 自检		将合理的答案填入相应栏目		扣分	得分
掌握浙江中控 JX - 300X 系统的 SCDraw 流程图制作软件的功能、特点与绘制	SCDraw 流程图制作软件的作用	特点			
		功能			
	SCDraw 流程图制作软件的绘制	绘制流程			

表 2 – 15　浙江中控 JX – 300X 系统组态软件 AdvanTrol 软件的安装核心信息填写

要求 ⟍ 自检		将合理的答案填入相应栏目	扣分	得分
浙江中控 JX – 300X 系统组态软件 AdvanTrol 软件的安装	AdvanTrol 软件安装的系统要求			
	AdvanTrol 软件中加密狗的作用			

（2）"专业能力训练环节一"进行评价后，简要小结本环节的训练经验并填入表 2 – 16，进入专业能力训练二。

表 2 – 16　"专业能力训练一"经验小结

（3）对 PPT 文件内容及汇报过程进行评价，并对本环节存在的问题进行评价。（依照附录 A 中的评价指标进行）

"专业能力训练二　系统实时监控软件的深入认识"训练步骤

（1）了解"专业能力训练二"的要求后进行分组，并分配组内各成员的角色（各角色应进行轮换，以保证每个组员在不同的岗位上都体验过工作过程），选举产生的组长，对组内各成员分配任务，并分头行动，按预定目标完成收集、整理工作。工作流程如下：

①学习了解"专业能力训练二"的要求。

②分组、分配角色，并填写具体分工表（任务一中表 2 – 1）。

③按分工要求，通过多种途径收集并编辑所需资料，对实时监控软件的作用、特点、实时监控画面及其实时监控操作画面，浙江中控 JX – 300X 系统的调试和维护等进行了解和学习，为后面任务的开展打下基础，并完成表 2 – 17 ~ 表 2 – 20 中所要求的任务。

④全组成员集中，将前面收集资料进行按要求进行整理、学习，并制作 PPT 文件准备汇报学习成果，要求在汇报中有本组创新点、闪光点。

⑤选派代表（组内成员轮流）汇报本组工作成果。

⑥小组点评员点评。

⑦集中点评，并归纳相关知识点。

表 2 – 17 了解实时监控软件的信息填写

要求 \ 自检		将合理的答案填入相应栏目	扣分	得分
了解 JX – 300X 系统实时监控软件的内容	软件特性	软件特点：		
知道 JX – 300X 系统 SCKey 监控软件怎样使用	软件启动			
	软件登录			
了解实时监控画面的主要内容有哪些	实时监控画面组成			

表 2 – 18 核心理解实时监控操作信息填写

要求 \ 自检			将合理的答案填入相应栏目			扣分	得分
掌握浙江中控 JX – 300X 系统的实时监控操作软件的画面及其操作	操作员键盘的特性	组成					
		特点					
	实时监控操作画面的内容	实时监控操作画面的组成	画面名称	功能	操作		

表 2 – 19 浙江中控 JX – 300X DCS 系统调试和维护内容核心信息填写

要求 \ 自检		将合理的答案填入相应栏目	扣分	得分
浙江中控 JX – 300X DCS 系统调试和维护	系统调试			
	系统维护内容			

（2）"专业能力训练二"进行评价后，简要小结本环节的训练经验并填入表 2–20，进入"职业核心能力训练"环节。

表 2-20 "专业能力训练环节二"经验小结

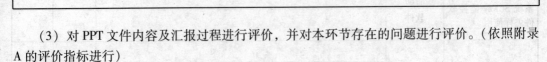

（3）对 PPT 文件内容及汇报过程进行评价，并对本环节存在的问题进行评价。（依照附录A 的评价指标进行）

"职业核心能力"训练步骤

具体要求参见项目一中任务 1 中的"职业核心能力训练"相对应的要求。

"操作能力训练 SCKey 组态软件的操作"训练步骤

1. 设备与器材

JX-300X 集散控制系统实训装置。

2. 实施步骤

（1）单击桌面上的 SCKey 组态软件图标，进入组态环境的主界面。若在桌面上找不到组态软件的快捷方式，可打开资源管理器，在 C 盘根目录下的 AdvanTrol 软件包文件夹中寻找SCKey 组态软件图标并双击。

（2）第一次组态时，会出现"请首先为新的组态文件指定存放位置"的提示窗口，这时单击"确定"按钮为组态软件确定保存位置、保存路径和文件名。

（3）单击"保存"按钮，会看到在保存位置处会同时出现一个文件夹和一个文件，如图 2-12所示。该文件夹中又自动生成 7 个文件夹，用于存放组态信息。Control 文件夹用于存放图形编程信息；Flow 文件夹用于存放流程图文件；Lang 文件夹用于存放语言编程文件；Report 文件夹用于存放报表文件；Run 文件夹用于存放运行数据信息，Run 中的 Report 文件夹用于存放报表运行数据；Temp 文件夹用于存放临时文件。

图 2-12 新组态文件说明

（4）双击新生成的组态文件图标后，启动组态软件进入组态窗口。组态时，请注意不要混淆一些文件的扩展名，如表 2 - 21 所示。

表 2 - 21　SCKey 组态软件文件扩展名及说明

文件扩展名	文件说明	备注
. SCK	未编译的组态信息文件	
. SCC	组态编译产生的、控制站使用的组态信息文件	AdvanTrol、SCKey 软件使用
. SCO	组态编译产生的、操作站使用的组态信息文件	
. BAK	sck 文件的备份文件	
- - TMP. TAG	位号文件（临时）	
. IDX	索引文件	AdvanTrol 软件使用
. SDS	语音报警组态文件	

（5）组态练习：按照主机设置、控制站组态、常规控制方案组态、操作站组态的顺序进行。

主机设置：在组态软件 SCKey 主画面中，选中"总体信息"菜单中的"主机设置"选项后单击，打开主机设置窗口。

①选择主控制卡选项卡，进行设置。

②选择操作站选项卡，进入操作站主机的组态窗口进行设置。

控制站组态：在组态软件 SCKey 主画面中，选择"控制站"菜单中的"I/O 组态"命令后，依次进行下列几个步骤：

①数据转发卡组态（一块主控卡下最多组 16 块数据转发卡）。

② I/O 卡件登录（一块数据转发卡下最多组 16 块 I/O 卡件）。

③信号点组态包括位号、注释、地址、类型、设置，认真将每个信号点的信息按顺序依次进行填写。

④信号点参数设置组态包括模拟量输入信号点设置组态、模拟量输出信号点设置组态、开关量输入信号点设置组态、开关量输出信号点设置组态、脉冲量输入信号点设置组态和 PAT 信号点组态。

常规控制方案组态：在组态软件 SCKey 主画面中，选择"控制站"菜单中的"常规控制方案组态"命令，根据"相关知识"中表格 2 - 30 组态。也可以试着使用图形编程或 SCX 语言进行控制方案组态练习。

操作站组态：包括操作小组设置、系统标准画面组态、流程图登录和绘制。

①操作小组设置：在组态软件 SCKey 主画面中，选择"操作站"菜单中的"操作小组设置"命令，依次填写序号、名称、切换等级（观察、操作员、工程师、特权）、报警级别范围。

②系统标准画面组态：在组态软件 SCKey 主画面中，选择"操作站"主菜单中相应画面的命令，依次对总貌画面、趋势画面、分组画面、一览画面进行组态。

③流程图登录和绘制：在绘制流程图之前，建议先进行流程图登录。在组态软件 SCKey 主画面中，选择"操作站"主菜单中的"流程图"命令，在打开的窗口中，为流程图输入文件名后，单击"编辑"按钮就可以绘制流程图。流程图动态参数的组态是在流程图绘制完毕之后进行的。

若在流程图登录之前已经绘制了流程图，并将其保存在某个文件中，可单击按钮，选择已有的流程图进行登录。

（6）上述步骤（包括绘制流程图、报表制作等）全部进行完毕之后，选择"总体信息"菜单中的"全体编译"命令，如果组态完全正确，会在窗口的下方提示：编译正确！这时就可以进行组态备份、下载和传送。

初次组态练习中，可能会发生一些错误，编译后在窗口的下方会详细列出错误信息，对每一条错误提示信息，都要认真检查纠错，直至编译全部正确。

3. 注意事项

（1）组态是一件非常烦琐、工作任务量大的工作，这就要求组态工程师必须有严谨的科学态度，聚精会神、仔细认真，不得有半点马虎，否则编译后将会产生许多错误信息，反而需要花费大量的时间去查错、纠错，结果导致事倍功半。

（2）组态时，严格按照顺序有条不紊进行。

（3）待全部组态进行完毕之后，才能进行编译、备份、下载及传送。

 相关知识

一、系统组态

（一）系统软件 SCKey 简介

1. 基本概念

（1）组态：集散控制系统实际应用于生产过程控制时，需要根据设计要求，预先将硬件设备和各种软件功能模块组织起来，以使系统按特定的状态运行。

集散控制系统所提供的功能模块、组态编辑软件以及组态语言，组成所需的系统结构和操作画面，完成所需的功能。集散控制系统的组态包括系统组态、画面组态和控制组态。

（2）组态软件主要解决的问题：

①如何与控制设备之间进行数据交换，将来自设备的数据与计算机图形画面上的各元素关联起来。

②处理数据报警和系统报警。

③存储历史数据和支持历史数据的查询。

④各类报表的生成和打印输出。

⑤具有与第三方程序的接口，方便数据共享。

⑥为用户提供灵活多变的组态工具。

（3）基于组态软件的工业控制系统的一般组建过程：

①组态软件的安装。

②工程项目系统分析。

③设计用户操作菜单。

④画面设计与编辑。

⑤编写程序进行调试。

⑥综合调试。

2. SCKey 主画面及菜单

用鼠标双击桌面上的 SCKey 快捷图标，启动组态软件 SCKey。图 2 – 13 所示为 SCKey 组态环境的主界面。

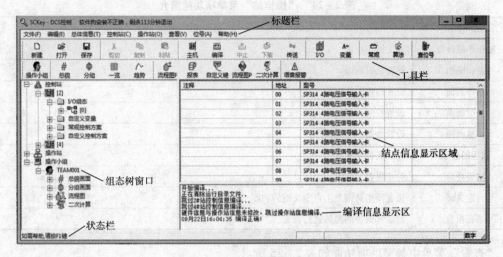

图 2 – 13   SCKey 组态软件主界面

主界面由标题栏、菜单栏、工具栏、操作显示区和状态栏五部分组成。

"总体信息"菜单中各菜单项功能如表 2 – 22 所示。

表 2 – 22   "总体信息"菜单项功能简介

菜单项名	功能说明
主机设置	进行控制站（主控卡）和操作站的设置
编 译	将组态保存信息转化为控制站（主控卡）和操作站识别的信息，即将 .SCK 文件转化为 .SCO 和 .SCC 文件
备份数据	备份所有与组态有关的数据到指定的文件夹
组态下载	将 .SCC 文件通过网络下载到控制站（主控卡）
组态传送	将 .SCO 文件通过网络传送到操作站

"控制站"菜单中各菜单项功能如表 2 – 23 所示。

表 2 – 23   "控制站"菜单项功能简介

菜单项名	功能说明
I/O 组态	对数据转发卡、I/O 卡件、I/O 点进行各种设置
自定义变量	对 1 字节变量、2 字节变量、4 字节变量、8 字节变量和自定义回路（64 个）的一些参数进行设置
常规控制方案	在每个控制站中可以对 64 个回路进行常规控制方案的设置
自定义控制方案	在每个控制站中使用 SCX 语言或图形化环境进行控制站编程
折线表	定义折线表，在模拟量输入和自定义控制方案中使用

"操作站"菜单中各菜单项功能如表 2 – 24 所示。

表 2-24　"操作站"菜单项功能简介

菜单项名	功能说明
操作小组设置	定义操作小组
总貌画面	设置总貌画面
趋势画面	设置趋势曲线画面
分组画面	设置控制分组画面
一览画面	设置数据一览画面
流程图登录	登录流程图文件
报表登录	登录报表文件
自定义键	设置操作员键盘上自定义键的功能
语音报警	对语音报警的参数进行设置

"查看"菜单中各菜单项功能如表 2-25 所示。

表 2-25　"查看"菜单项功能简介

菜单项名	功能说明
状态栏	当选中状态栏选项后，状态栏出现在主画面的最下端，显示当前的状态
工具栏	当选中工具栏选项后，工具栏将出现在主画面的上端
错误信息	错误信息项被选中时，操作显示区右下方会显示具体错误信息，在大多数的错误条目上双击可直接修改相应的内容，程序启动时不显示，编译之后会自动显示
位号查询	根据位号或者地址查找位号信息
选项	设置一些选项，这些选项可能对某个或全部组态文件产生影响

3. 组态内容

使用 SCKey 基本组态软件对系统组态时，应按照下面 3 个步骤进行。

（1）总体信息组态。

（2）控制站组态，图 2-14 所示为控制站组态的流程。

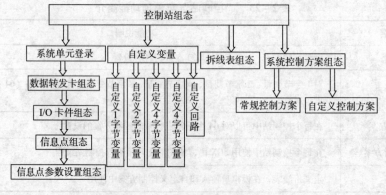

图 2-14　控制站组态流程图

（3）操作站组态，图 2-15 所示为操作站组态流程示意图。

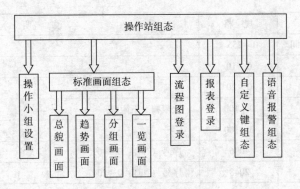

图 2 – 15　操作站组态流程

4. 组态规格

表 2 – 26 列出了 JX – 300X DCS 系统组态的最大规模和最大容量。

表 2 – 26　组态规格表

内　容	规　格	说　明
控制站	15	地址：2 ~ 31 AO≤128　AI + PI≤384　DI≤1024　DO≤1024
操作站	32	地址：129 ~ 160
最多数据转发卡/控制站	8 对	
最多 I/O 卡件/机笼	16	
最多点数/卡件	16	1 点：SP341
		2 点：SP311　SP311X　SP315　SP316　SP316X　SP317
		8 点：SP361X　SP362X　SP363X　SP364X
		16 点：SP336　SP337　SP339
		其他卡件均为 4 点
主控卡运算周期	0.1 ~ 5.0 s	
位号长度	10 B	以字节或下画线开头，以字符、数字、下画线和减号组成，前后不带空格
注释长度	20 B	前后不带空格
单位长度	8 B	前后不带空格
报警描述长度	8 B	前后不带空格
开关描述长度	8 B	前后不带空格
滤波常数	0 ~ 20	
小信号切除值	0 ~ 100	
报警级别	0 ~ 90	80 ~ 90 只记录不报警
时间系数	不为 0	
单位系数	不为 0	
报警限值	下限 – 上限	高三值≥高二值≥高一值 > 低一值≥低二值≥低三值
速率限	下限 – 上限	
死区	下限 – 上限	

内　容	规　格	说　明
时间恢复按钮的复位时间	0～255 s	
PAT 卡死区大小	0～10	
PAT 卡行程时间	0～20	
PAT 卡上限幅	0～100	上限幅＞下限幅
PAT 卡下限幅	0～100	
自定义 1 字节变量	4096	序号（No）：0～4095
自定义 2 字节变量	2048	序号（No）：0～2047
自定义 4 字节变量	512	序号（No）：0～511
自定义 8 字节变量	256	序号（No）：0～255
自定义回路	64	序号（No）：0～63
自定义 2 字节变量描述数量	32 个	
自定义 2 字节变量描述长度	30 B	
常规控制回路	64 个	序号（No）：0～63
输出分程点	0～100%	
折线表数量	64	
操作小组数量	16	页码：1～16
总貌画面数量	160	页码：1～160
分组画面数量	320	页码：1～320
趋势画面数量	640	页码：1～640
一览画面数量	160	页码：1～160
流程图数量	640	页码：1～640
报表数量	128	页码：1～128
趋势记录周期	1～3 600	
趋势记录点数	1 920～2 592 000	
自定义键数量	24	键号：1～24
语音报警数量	256	

5. 组态窗口的基本操作

组态窗口的基本操作包括组态树的基本操作、组态窗口的基本操作、位号选择窗口等。

（1）组态树的基本操作：组态软件主画面左边的操作显示区显示当前组态的"组态树"，"组态树"以分层展开的形式，直观地展示了组态信息的树形结构，可清晰地看到从控制站直至信号点的各层硬件结构及相互关系，也可以看到操作站上各种操作画面的组织方式。"组态树"提供了总览整个系统组态体系的极佳方式。

无论是系统单元、I/O 卡件还是控制方案，或是某页操作画面，只要展开"组态树"，在其中找到相应"树结点"内容，双击，就能直接进入该单元的组态窗口进行修改。

对"组态树"可直接进行复制、粘贴和剪切操作。

（2）组态窗口的基本操作：在图 2–16 和图 2–17 所示的组态窗口中，列表框中可以直接进行修改，修改将被保存。基本功能按钮有设置、整理、增加、删除、退出、编辑、确定、取消等。

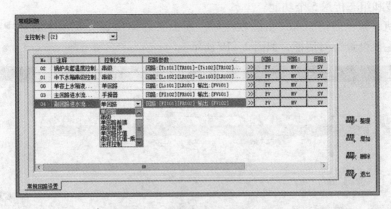

图 2 – 16 常规控制方案组态窗口

具体操作说明如下：

①单击"控制方案、回路参数"按钮，会弹出所在栏参数设置对话框，在此对话框进行相应参数的设置。

②单击"整理"按钮，会将组态窗口中各单元按其地址值或序号值从小到大排列。

③单击"增加"按钮，将一个新单元加入到组态窗口中。快捷键【Ctrl + A】也同样具有此功能。

④单击"删除"按钮，将删除列表框内选中的一个单元。但应注意如果被删除单元有下属信息，此操作也将删除其下属的所有组态信息，请谨慎使用。快捷键【Ctrl + D】也同样具有删除功能。在"查看"菜单"选项"中选择"删除时提示确认"后，会弹出对话框提示是否删除。

⑤单击"退出"按钮，退出该组态窗口。

⑥单击"编辑"按钮，可打开选中文件进行编辑修改。

⑦单击"确定"按钮，表示确认窗口参数有效并退出组态窗口。

⑧单击"取消"按钮，将取消本次对窗口内参数的修改，并退出组态窗口。

（3）位号选择窗口：在许多要求提供已经存在的位号旁边有一个 ? 按钮，该按钮提供对该位号的选取功能。单击 ? 按钮，即弹出如图 2 – 18 所示对话框，双击列表框中的条目或者选择条目后单击"确定"按钮，均可关闭对话框并将所选中的位号自动填写到 ? 前的编辑框中。位号支持多选。

6. 总体信息组态

总体信息组态包括主机设置、编译、备份数

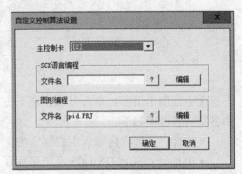

图 2 – 17 自定义方案组态窗口

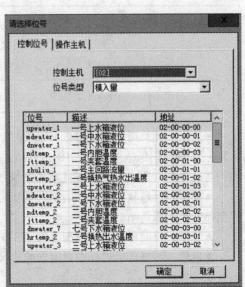

图 2 – 18 控制位号选择对话框

据、组态下载和组态传送 5 个功能。

（1）主机设置：启动 SCKey 组态软件后，选中"总体信息"菜单中的"主机设置"命令，弹出"主机设置"对话框，如图 2-19 所示。

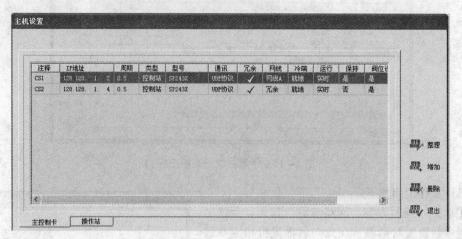

图 2-19　主控卡组态对话框

①主控制卡组态：单击对话框左下方"主控制卡"选项卡，对主控制卡进行组态。窗口中各项内容说明如下：

● 注释：注释栏内写入主控制卡的文字说明。

● IP 地址：SUPCON DCS 系统采用了双高速冗余工业以太网 SCnet II 作为其过程控制网络。控制站作为 SCnet II 的结点，其网络通信功能由主控卡担当。JX 系列最多可组 15 个控制站，对 TCP/IP 地址采用表 2-27 所示的系统约定，组态时要保证实际硬件接口和组态时填写的地址绝对一致。

表 2-27　TCP/IP 控制站地址的系统约定

类别	地址范围		备注
	网络码	主机码	
控制站地址	128. 128. 1	2 ~ 31	每个控制站包括两块互为冗余的主控制卡。每块主控制卡享用不同的网络码。IP 地址统一编排，相互不可重复。地址应与主控卡硬件上的跳线地址匹配
	128. 128. 2	2 ~ 31	

● 周期：运算周期必须为 0.1 s 的整数倍，范围在 0.1 ~ 5.0 s 之间，一般建议采用默认值 0.5 s。运算周期包括处理输入/输出时间、回路控制时间、SCX 语言运行时间、图形组态运行时间等，运算周期主要耗费在自定义控制方案的运行上，大致 1KB 代码需要 1 ms 运算时间。

● 类型：通过软件和硬件的不同配置可构成不同功能的控制结构，如过程控制站、逻辑控制站、数据采集站。

● 型号：目前可以选用的型号为 SP243X。

● 通信：数据通信过程中要遵守的协议。目前通信采用 UDP 用户数据报协议，具有通信速度快的特点。

● 冗余：一般情况下，在偶数地址放置主控卡；在冗余的情况下，其相邻的奇数地址自动被占据用以表示冗余卡。

● 网线使用：填写需要使用网络 A、网络 B 还是冗余网络进行通信。

● 冷端：选择热电偶的冷端补偿方式，可以选择"就地"或"远程"。"就地"表示直接在主控卡上进行冷端补偿。"远程"表示在数据转发卡上进行冷端补偿。

● 运行：选择主控卡的工作状态，可以选择实时或调试。选择"实时"，表示运行在一般状态下；选择"调试"，表示运行在调试状态下。

②操作站组态：选中"操作站"选项卡，进入操作主机的组态对话框，如图 2 – 20 所示。

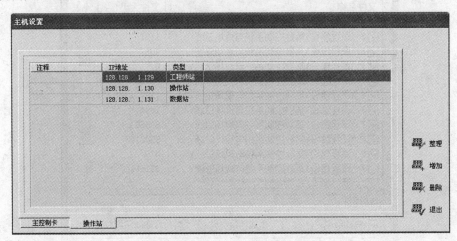

图 2 – 20　操作站组态对话框

● 注释：注释栏内写入操作站的文字说明。

● IP 地址：JX 系列最多可组 32 个操作站（或工程师站），对 TCP/IP 地址采用表 2 – 28 所示的系统约定。

表 2 – 28　操作站地址的系统约定

类别	地址范围		备注
	网络码	主机码	
操作站地址	128. 128. 1	129 ~ 160	每个操作站包括两块互为冗余的网卡。两块网卡享用同一 IP 地址，但应设置不同的网络码。IP 地址统一编排，不可重复
	128. 128. 2	129 ~ 160	

● 类型：操作站类型分为工程师站、数据站和操作站 3 种，可在下拉组合框中选择。

（2）编译：组态编译是对系统组态信息、流程图、SCX 自定义语言及报表信息等一系列组态信息文件的编译。编译包括快速编译和全体编译两种，快速编译只编译改动的部分，全体编译是编译组态的所有数据。编译的情况（如编译过程中发现有错误信息）显示在右下方操作区中。

用户定义的组态文件必须经过系统编译，才能下载给控制站执行以及传送到操作站监控。编译是通过"总体信息"菜单中的"编译"命令进行的，且只可在控制站与操作站都组态以后进行，否则"编译"操作不可选。编译之前 SCKey 会自动将组态内容保存。

编译过程中显示的错误信息及解决方法可参考其他相关资料。

（3）备份数据：编译成功后选择"总体信息"菜单中的"备份数据"命令，弹出"组态备份"对话框，如图 2 – 21 所示，可单击"备份到"后面的 按钮，从浏览文件夹对话框中选择备份的路径，从需要备份的文件列表框中选择要备份的文件，单击"备份"按钮后，所选文件将被复制备份到指定目录下。注意备份数据之前需编译成功，否则会弹出警告框提示"编译错误，请在编译正确后再试！"。

图 2-21 "组态备份"对话框

（4）组态下载：用于将上位机中的组态内容编译后下载到控制站。选择"总体信息"菜单中的"组态下载"命令，将打开组态下载对话框，如图 2-22 所示。组态下载有"下载所有组态信息"和"下载部分组态信息"两种方式。如果用户对系统非常了解或为了某一明确的目的，可采用"下载部分组态信息"，否则采用"下载所有组态信息"。

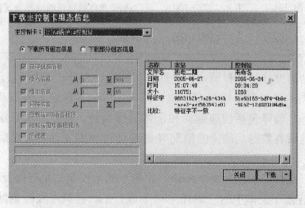

图 2-22 组态下载对话框

在修改与控制站有关的组态信息（主控制卡配置、I/O 卡件设置、信号点组态、常规控制方案组态、SCX 语言组态等）后，需要重新下载组态信息；如果修改操作主机的组态信息，

（标准画面组态、流程图组态、报表组态等）则不需下载组态信息。

信息显示区中"本站"一栏显示正要下载的文件信息，其中包括文件名、编译日期及时间、文件大小、特征字。"控制站"一栏则显示当前控制站中的 .SCC 文件信息，由工程师来决定是否用本站内容去覆盖原控制站中的内容。下载执行后，本站的内容将覆盖控制站原有内容，此时，本站一栏中显示的文件信息与控制站一览显示的文件信息相同。

特征字是随机产生的，操作站的组态被更改后，其特征字也随之改变，从而与控制站上的特征字不相符合。

当组态下载出现阻碍时，会弹出警告框提示"通信超时，检查通信线路连接是否正常，控制站地址设置是否正确"。

（5）组态传送：用于将编译后的 .SCO 操作信息文件、.IDX 编译索引文件、.SCC 控制信息文件等通过网络传送给操作站。组态传送前必须在操作站安装 FTP Serve（文件传输协议服务器），设置一传送路径，这些会在安装时自动完成。选择"总体信息"菜单中的"组态传送"命令，弹出"组态传送"对话框，如图 2－23 所示。

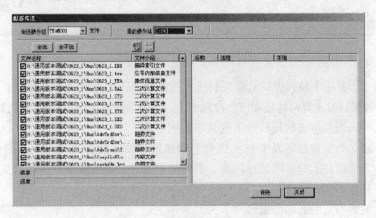

图 2－23　"组态传送"对话框

根据一般组态传送情况，此对话框中"直接重启动"复选框默认为选中，表示在远程运行的 AdvanTrol 监控软件将重载组态文件，该组态文件就是传送过去的文件；"启动操作小组选择"下拉列表中选择的操作小组直接运行。未选择此复选框，则 AdvanTrol 重载组态文件后，弹出对话框要求操作人员选择操作小组。

信息显示区中，"远程"为将被传送文件传送给目的操作站。"本地"为本地工程师站上文件信息，由工程师决定是否用本地内容去覆盖原目的操作站中的内容。在"目的操作站"下拉列表框中选择要接受传送文件的操作站，单击"传送"按钮，按设置情况进行组态信息传送。当传送成功，AdvanTrol 软件接收到向操作站发送的消息后，将其拷贝到执行目录下便可运行。

组态传送的功能一方面快速将组态信息传送给各操作站，另一方面可以检查各操作站与控制站中组态信息是否一致。

7. 控制站组态

控制站组态是指对系统硬件和控制方案的组态，主要包括 I/O 组态、自定义变量、常规控制方案、自定义控制方案和折线表定义等 5 个部分。

（1）系统 I/O 组态：它是分层进行的。

①数据转发卡组态：对某一控制站内部的数据转发卡的冗余情况、卡件在 SBUS－S2 网络上的地址进行组态。

选择"控制站"菜单中的"I/O组态"命令，弹出"I/O输入"对话框，选择"数据转发卡"选项卡后将看到如图2-24所示的组态窗口。

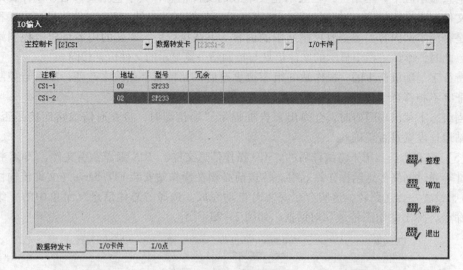

图2-24　数据转发卡组态

● 主控制卡：此项下拉列表列出登录的所有主控制卡，可选择当前主控制卡。数据转发卡窗口中列出的数据转发卡都将挂接在该主控制卡上。一块主控制卡最多可组16块数据转发卡。

● 注释：写入当前组态数据转发卡的文字说明。

● 地址：定义当前数据转发卡在主控卡上的地址，最好设置为0~15内的偶数。注意地址应与数据转发卡硬件上的跳线地址匹配，必须递增上升，不能跳跃，不可重复。

● 型号：只有SP233供选择。

● 冗余：设置当前组态的数据转发卡为冗余单元。

②I/O卡件登录：I/O卡件组态是对SBUS-S1网络上的I/O卡件型号及地址进行组态。

单击"I/O卡件"选项卡，弹出如图2-25所示的I/O卡件组态对话框。一块数据转发卡下可组16块I/O卡件。

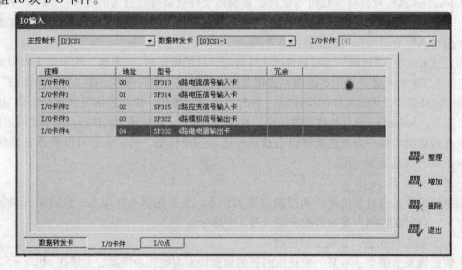

图2-25　I/O卡组态画面

• 注释：写入对当前 I/O 卡件的文字说明。

• 地址：定义当前 I/O 卡件在数据转发卡上的地址，应设置为 0~15。注意：地址应与它在控制站机笼中的排列编号匹配，且不可重复。

• 型号：下拉列表框中可选定当前组态 I/O 卡件的类型。SUPCON DCS 系统提供多种卡件供选择。

• 冗余：设置当前组态的 I/O 卡件为冗余单元。

表 2-29 所示为 SP341PAT 卡件类型及相关说明。

表 2-29 SP341PAT 卡件类型

卡件型号	卡件名称	输入/输出信号点数	可冗余
SP313	电流信号输入卡	4 路模拟输入	√
SP314	电压信号输入卡	4 路模拟输入	√
SP315	应变信号输入卡	2 路模拟输入	√
SP316	热电阻信号输入卡	2 路模拟输入	√
SP317	热电阻信号输入卡（小量程）	2 路模拟输入	√
SP322	模拟信号输出卡	4 路模拟输出	√
SP323	PWM 输出卡	4 路模拟输出	√
SP334	事件顺序记录卡	4 路开关量输入	×
SP335	脉冲量输入卡	4 路脉冲量输入	×
SP341	位置调节输出卡	驱动 1 只电动调节阀	×
SP361	电平型开入卡	8 路开关量输入	×
SP362	晶体管接点开出卡	8 路开关量输出	×
SP363	触点型开出卡	8 路开关量输入	×
SP364	继电器开出卡	8 路开关量输出	×

③信号点组态对话框如图 2-26 所示。

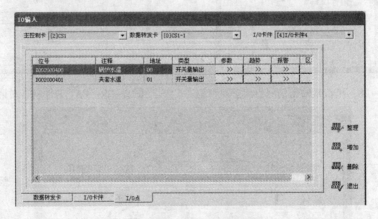

图 2-26 信号组态对话框

• 位号：定义当前信号点在系统中的位号。每个信号点在系统中的位号应是唯一的，不能重复，位号只能以字母开头，不能使用汉字，且字长不得超过 10 个英文字符。

• 注释：写入对当前 I/O 点的文字说明，字长不得超过 20 个字符。

• 地址：定义指定信号点在当前 I/O 卡件上的编号。信号点的编号应与信号接入 I/O 卡件的接口编号匹配，不可重复使用。

●类型：显示当前信号点信号的输入/输出类型，包括模拟信号输入（AI）、模拟信号输出（AO）、开关信号输入（DI）、开关信号输出（DO）、脉冲信号输入（PI）、位置输入信号（PAT）、顺序事件输入（SOE）7 种类型。

④信号点参数设置组态：单击图 2-26 中的"》"按钮，组态软件根据 I/O 点的类型分别进行不同的组态，共分为 5 种不同的组态窗口，如图 2-27 ~ 图 2-31 所示。各组态窗口的详细说明略。

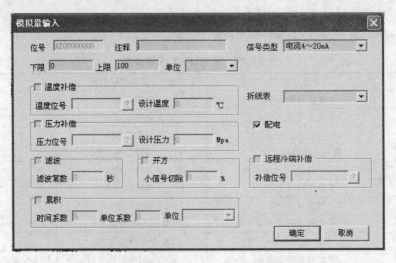

图 2-27　模拟量输入信号点组态对话框

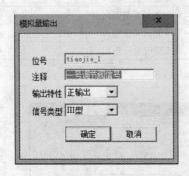

图 2-28　模拟量输出信号点组态对话框　　　图 2-29　PAT 卡件组态对话框

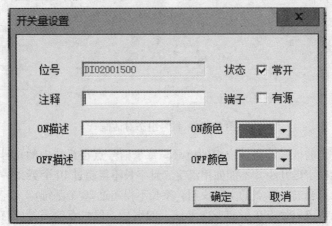

图 2-30　开关量输入、输出信号点组态对话框

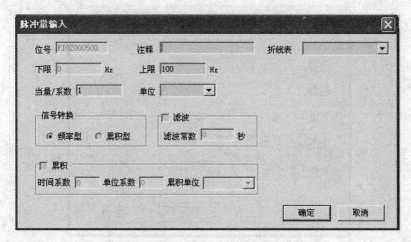

图2-31 脉冲量输入信号点组态对话框

（2）自定义变量：作用是在上、下位机之间建立交流的途径。上、下位机均可读可写，即上位机写，下位机读，是上位机向下位机传送信息，表明操作人员的操作意图；下位机写，上位机读，是下位机向上位机传送信息，一般是需要显示的中间值或需要二次计算的值。

选择"控制站"菜单中的"自定义变量"命令，弹出如图2-32所示的"自定义声明"组态对话框。

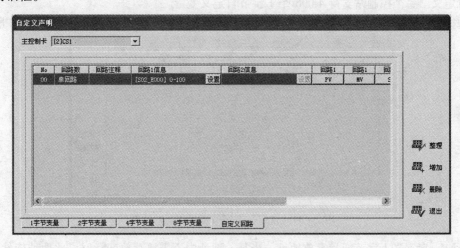

图2-32 "自定义声明"组态画面

①自定义回路组态：每个控制站可支持64个自定义回路。

· No：写入当前自定义回路的回路号。编写SCX语言时，该序号与bsc和csc的序号对应（bsc和csc是SCX语言中的单回路控制模块和串级控制模块的名称）。

· 回路数：此栏可选单回路或双回路。选择单回路时只可填写回路1的信息；选择双回路时，回路1（内环）和回路2（外环）的信息都必须填写。

· 回路注释：填入对当前设置回路的描述。

· 回路1信息：单击该回路的"设置"按钮，会弹出"自定义回路输入"对话框，如图2-33所示。

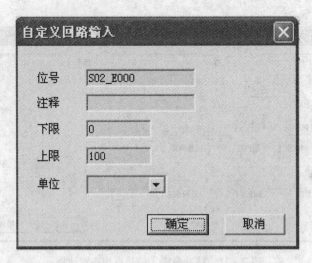

图 2-33 "自定义回路输入"对话框

• 回路 2 信息：单击"设置"按钮对回路 2 进行设置，设置方法同回路 1。

②1 字节变量定义：SUPCON DCS 系统在处理操作站和控制站内部数据的交换中，在控制站主机的内存中开辟了一个数据交换区，通过对该数据区的内存编址，实现了操作站与控制站的内部数据交换。用户在定义控制算法中如果需要引用这样的内部变量，就需要为这些变量进行定义。每个控制站支持 4 096 个 1 字节自定义变量。

选择"控制站"菜单中"自定义变量"命令，选择"1 字节变量"选项卡，如图 2-34 所示。

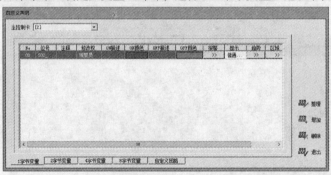

图 2-34 自定义 1 字节变量组态对话框

• No：自定义 1 字节变量存放地址。当某一地址中不需要存放变量时，此地址依然存在。例如，图 2-34 中 No 栏不填 1 号地址，表示 1 号地址中不存放变量，且 1 号地址依然存在。

• 位号：写入对当前自定义 1 字节变量的定义位号。

• 注释：写入对当前自定义 1 字节变量的文字描述。

• 修改权：此栏下拉列表框中提供当前自定义 1 字节变量的修改权限，有观察、操作员、工程师、特权 4 级权限保护。观察权限时该变量处于不可修改状态；操作员权限表示可供操作员、工程师、特权级别用户修改；工程师权限表示可供工程师、特权级别用户修改；特权时仅供特权级别用户修改。

• 开/关状态（ON/OFF 描述、ON/OFF 颜色）：对开/关量信号状态进行描述和颜色定义。

• 报警：信号需要报警时选中报警项，此栏以"√"显示。当报警被选中时，按下"设置"按钮将打开"报警设置"对话框，对报警状态、报警描述、报警颜色、报警级别进行设置。其中"报警级别"选项为此 1 字节自定义变量报警设置报警级别（0～90）。

● 设置：当报警被选中时，按下"设置"按钮将打开"开关量报警设置"对话框，对报警状态、报警描述、报警颜色、报警级别进行设置。其中"报警级别"选项为此 1 字节自定义变量报警设置报警级别（0～90）。

● 显示：下拉列表框中提供 3 种显示按钮，即时间恢复按钮、位号恢复按钮和普通按钮。

● 设置：设置恢复时间和恢复位号。

此外，2 字节、4 字节和 8 字节变量定义也都与上面的操作相似，每个控制站分别支持 2 048 个自定义 2 字节变量、512 个自定义 4 字节变量和 256 个自定义 8 字节变量。

（3）系统控制方案组态：完成系统 I/O 组态后，就可以进行系统的控制方案组态。控制方案组态分为常规控制方案组态和自定义控制方案组态。

①常规控制方案组态：选择"控制站"菜单中的"常规控制方案"命令，弹出系统常规控制方案组态对话框，如前面图 2 - 16 所示。每个控制站支持 64 个常规回路。

● 主控制卡：此项中列出所有已组态登录的主控制卡，用户必须为当前组态的控制回路指定主控制卡，对该控制回路的运算和管理由所指定的主控制卡负责。

● No：回路存放地址。

● 注释：填写当前控制方案的文字描述。

● 控制方案：如表 2 - 30 所示。

表 2 - 30　SUPCON DCS 系统支持的 8 种常用的典型控制方案

控制方案	回路数
手操器	单回路
单回路	单回路
串级	双回路
单回路前馈	单回路
串级前馈	双回路
单回路比值	单回路
串级变比值——乘法器	双回路
采样控制	单回路

● 回路参数：用于确定控制方案的输出方法。单击"设置"按钮，弹出如图 2 - 35 所示的"回路设置"对话框，进行回路参数的设置。

回路 1/回路 2 功能组，用以对控制方案的各回路进行组态（回路 1 为内环，回路 2 为外环）。"回路位号"项填入该回路的位号；"回路注释"项填入该回路的说明描述；"回路输入"项填入相应输入信号的位号，常规回路输入位号只允许选择 AI 模入量。位号也可通过 ？ 按钮查询选定。SUPCON DCS 系统支持的控制方案中，最多包含两个回路；如果控制方案中仅有一个回路，则只需要填写回路 1 功能组。

图 2 - 35　回路设置组态窗口

当控制输出需要分程输出时，选择"分程"选项，并在"分程点"文本框中填入适当的百分数（如 40% 时填写 40）。如果分程输出，"输出位号 1"填写回路输出分程点时的输出位号，"输出位号 2"填写回路输出。如果不加分程控制，则只需要填写"输出位号 1"，常规控制回路输出位号只允许选择 AO 模出量，位号可通过旁边的 ? 按钮进行查询。

●跟踪位号：当该回路外接硬手操器时，为了实现从外部硬手动到自动的无扰动切换，必须将硬手动阀位输出值作为计算机控制的输入值，跟踪位号就用来记录此硬手动阀位值。

●其他位号：当控制方案选择前馈类型或比值类型时，其他位号项变为可写，当控制方案为前馈类型时，在此项填入前馈信号的位号；当控制方案为比值类型时，在此填入传给比值器信号的位号。

对一般要求的常规控制，系统提供的控制方案基本都能满足要求，控制方案易于组态，操作方便，运行可靠，稳定性好，因此对于无特殊要求的常规控制，采用系统提供的控制方案，而不必用户自定义。

②用户自定义控制方案组态：常规控制回路的输入和输出只允许 AI 和 AO，对一些有特殊要求的控制，用户必须根据实际需要自己定义控制方案。用户自定义控制方案可通过 SCX 语言编程和图形编程两种方式实现。

选择"控制站"菜单中的"自定义控制方案"命令，弹出"自定义控制算法设置"对话框（见图 2 – 17）。

●主控制卡：此项中指定当前是对哪一个控制站进行自定义组态，一个控制站（即主控制卡）对应一个代码文件，列表中包括所有已组态的主控制卡以供选择。

●SCX 语言编程：此框中选定与当前控制站相对应的 SCX 语言源代码文件，源代码存放在一个以".SCL"为扩展名的文件中。旁边的 ? 按钮提供文件查询功能。选择"SCX 语言源代码"文件后，单击"编辑"按钮，将打开此文件进行编辑修改。

●图形编程（SCControl）：此框中选定与当前控制站相对应的图形编程文件，图形文件以".PRJ"为扩展名。旁边的 ? 按钮提供文件查询功能。选定"图形编程"文件后，单击"编辑"按钮，将打开此文件进行编辑修改。

（4）折线表定义：用折线近似的方法将信号曲线分段线性化以达到对非线性信号的线性化处理。选择"控制站"菜单中的"折线表定义"命令，弹出"折线表输入"对话框，如图 2 – 36所示。在折线表定义对话框中最多可定义 64 张自定义折线表。

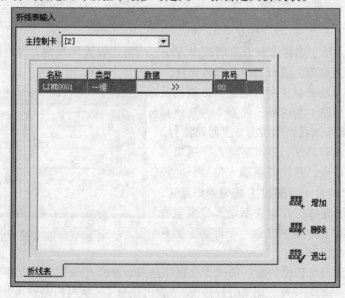

图 2 – 36　"折线表输入"对话框

- 名称：折线表的名称。系统自动提供的折线表名为"LINE + 数字"。
- 类型：折线表类型分为一维折线表和二维折线表两种，如图 2 - 37 所示。
- 数据：单击"设置"按钮设置。一维折线表是把折线在 X 轴上均匀分成 16 段，将 X 轴上 17 点所对应的 Y 轴坐标值依次填入，对 X 轴上各点则做归一化处理。二维折线表则把非线性处理折线不均匀地分成 10 段，系统把原始信号 X 通过线性插值转换为 Y，将折点的 X 轴、Y 轴坐标依次填入表格中。所取的 X、Y 值均应在 0 和 1 之间。

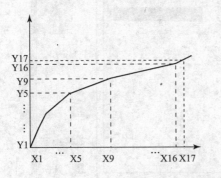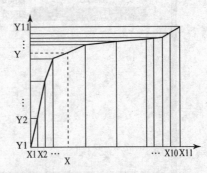

图 2 - 37　一维折线表和二维折线表

自定义折线表是全局的，一个主控制卡管理下的两个模拟信号可以使用同一个折线进行非线性处理，一个主控制卡能管理 64 个自定义折线表。

综上所述，对 SUPCON DCS 系统的控制组态过程可归纳为 4 个步骤：

①进行系统单元登录，以确定系统的控制站（即主控制卡）和操作站的数目。

②进行系统 I/O 组态，分层、逐级、自上而下依次对每个控制站硬件结构进行组态。

③进行自定义变量组态和折线表组态。

④进行系统的控制方案组态。控制方案组态又可分为常规控制方案组态和自定义控制方案（SCX 语言和 SCControl 图形编程）组态。

完成了系统控制站的组态，即可开始面向操作站的组态。

8. 操作站组态

操作站组态时应当注意，必须首先进行系统的单元登录和系统控制站组态。只有在这些信息已经存在的前提下，系统操作站的组态才有意义。

（1）操作小组设置：不同的操作小组可观察、设置、修改不同的标准画面、流程图、报表、自定义键。因此，组态时可设置几个操作小组，在各操作站组态画面中只设定该操作站关心的内容即可。同时，建议设置一个包含所有操作小组组态内容的操作小组。当其中有一个操作站出现故障时，可以运行此操作小组，查看出现故障的操作小组运行内容，以免时间耽搁而造成损失。

选择"操作站"菜单中的"操作小组设置"命令，弹出如图 2 - 38 所示的操作小组设置对话框，操作小组最多可设置 16 个。

- 序号：填入操作小组设置的序号。
- 名称：填入各操作小组的名字。
- 切换等级：此栏下拉列表框中为操作小组选择登录等级，SUPCON DCS 系统提供观察、操作员、工程师、特权 4 种操作等级。在 AdvanTrol 监控软件运行时，需要选择启动操作小组名称，可以根据登录等级的不同进行选择。"切换等级"为"观察"时，只可观察各监控画面，而不能进行任何修改；"切换等级"为"操作员"时，可将修改权限设为操作员的自定变

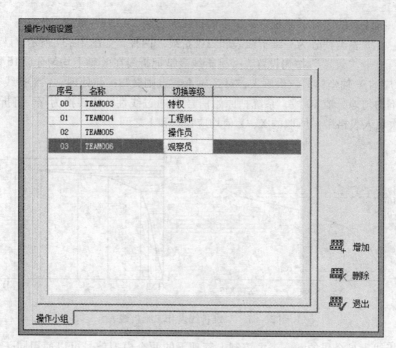

图2-38 "操作小组设置"对话框

量、回路、回路给定值、手自动切换、手动时的阀位值、自动时的 MV 值；"切换等级"为"工程师"时，还可修改控制器的 PID 参数、前馈参数；"切换等级"为"特权"时，可删除前面所有等级的密码，其他与工程师等级权限相同。

• 报警级别范围：为了操作站中操作方便，在报警级别一栏中对每个操作小组都定义了需要查看的报警级别，这样在报警一览界面中只可看到该级别值的报警，并且监控软件只对该级别的报警作出反应。

（2）系统标准界面组态：指对系统已定义格式的标准操作界面进行组态，包括总貌界面、趋势曲线、控制分组、数据一览4种操作界面的组态。

①总貌画面组态：选择"操作站"菜单中的"总貌画面"命令，弹出如图2-39所示的系统"总貌画面设置"对话框。

• 操作小组：指定总貌画面的当前页在哪个操作小组中显示。

• 页码：此项选定对哪一页总貌画面进行组态。

• 页标题：此项显示指定页的页标题，即对该页内容的说明。

• 显示块：每页总貌画面包含8行4列共32个显示块。每个显示块包含描述和内容，上行写说明注释，下行填入引用位号，旁边的 ? 按钮提供位号查询服务。

总貌画面组态窗口右边的列表框中显示已组态的总貌画面页码和页标题，用户可在其中选择一页进行修改等操作，也可使用 Page Up 和 Page Down 键进行翻页。

②趋势画面组态：系统的趋势曲线画面可以显示登录数据的历史趋势。选择"操作站"菜单中的"趋势画面"命令，进入图2-40所示的系统"趋势组态设置"对话框。

• 趋势页设置/页码/页标题：意义同总貌画面中所定义。

• 趋势设置：单击"趋势设置"按钮，弹出"控件设置"对话框，可以进行曲线相关参数的设置，如图2-41所示。

• 趋势曲线组：每页趋势画面至多包含8条趋势曲线，每条曲线通过位号来引用，旁边

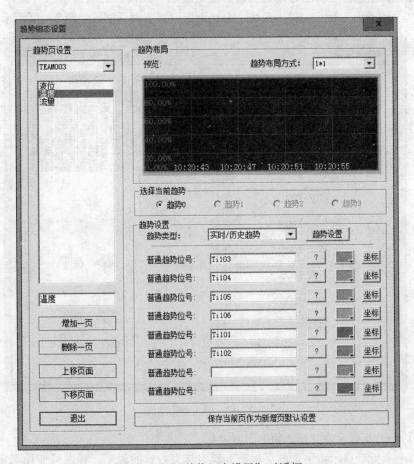

图 2-39　总貌画面组态对话框

图 2-40　"趋势组态设置"对话框

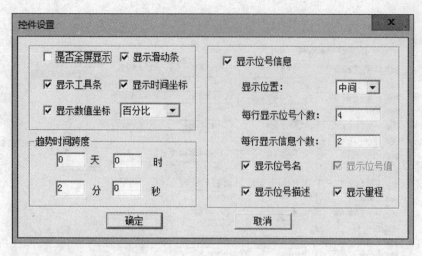

图 2-41 "控件设置"对话框

的 ？ 按钮提供位号查询的功能。

注意趋势曲线不包括模出量、自定义 4 字节变量和自定义 8 字节变量。

③分组画面组态：系统的分组画面可以实时显示登录仪表的当前状态。选择"操作站"菜单中的"分组画面"命令，进入系统"分组画面设置"对话框，如图 2-42 所示。

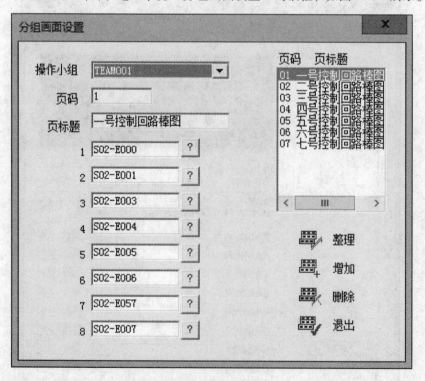

图 2-42 分组画面组态

● 操作小组/页码：意义同总貌画面所定义。

● 页标题：此项显示指定页的页标题，即对该页内容的说明。标题可使用汉字，字符数不超过 20 个。

●仪表组：每页仪表分组画面至多包含 8 个仪表，每个仪表通过位号来引用。旁边的 ? 按钮提供位号查询的功能。

④一览画面组态：系统的一览画面可以实时显示与登录位号对应的值及单位。单击"操作站"菜单中的"一览画面"，进入系统"一览画面设置"窗口，如图 2–43 所示。

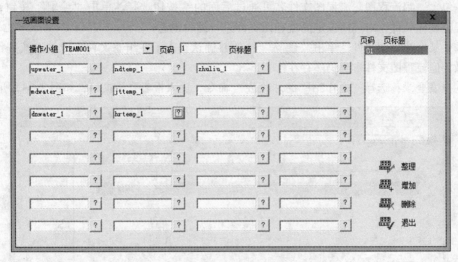

图 2–43　一览画面组态

●操作小组/页码/页标题：意义同总貌画面中所定义。

●显示块：每页一览画面包含 8 行 4 列共 32 个显示块。每个显示块中填入引用位号，在实时监控中，通过引用位号引入对应参数的测量值。

⑤流程图登录：选择"操作站"菜单中的"流程图"命令，进行系统流程图登录，如图 2–44 所示。

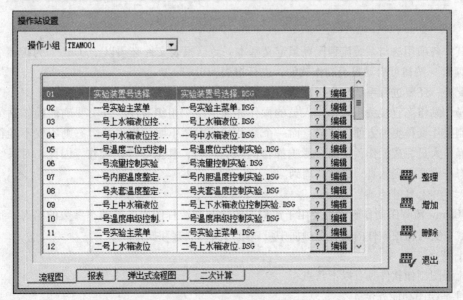

图 2–44　流程图登录界面

● 操作小组：指定当前页的流程图画面在哪个操作小组中显示。

● 页码：选定对哪一页流程图进行组态，每一页包含一个流程图文件。

● 页标题：显示指定页的标题，即对该页内容的说明。标题可使用汉字，字符数不超过20个。

● 文件名称：此项选定欲登录的流程图文件。流程图文件必须以".SCG"为扩展名，每个文件包含一幅流程图。流程图文件名可通过后面的 ? 按钮选择。单击"编辑"按钮，将启动流程图制作软件，对当前选定的流程图文件进行编辑组态。

选中某个流程图文件，单击"删除"按钮并确认，表示在组态文件中取消该流程图文件的登录，但流程图文件本身仍然存在。

⑥报表登录：选择"操作站"的"报表"命令，进入报表登录窗口，如图2-45所示。

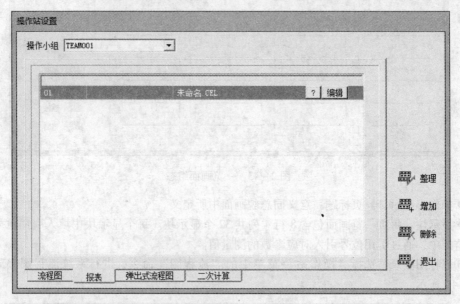

图2-45 系统报表组态界面

其中各项用法与系统流程图登录定义基本一致。报表文件必须以".CEL"为扩展名，单击"编辑"按钮可启动报表制作软件，进行报表编辑。

此外，还要进行系统自定义键和系统语言报警组态。

操作站组态直接关系到操作人员的操作界面，一个组织有序、分类明确的操作站组态能使控制操作变得更加方便、容易；而一个杂乱的、次序不明的操作站组态则不仅不能很好地协助操作人员完成操作，反而会影响操作的顺利进行，甚至导致误操作。因此，对系统的操作组态一定要做到认真、细致、周到。

（二）流程图绘制

SCDraw流程图制作软件主要用于流程图的绘制和流程图中各类动态参数的组态，这些动态参数在实时监控软件的流程图画面中可以进行实时观察和操作。

1. 特点

流程图制作软件具有以下特点：

（1）绘图功能齐全。

（2）编辑功能强大。

（3）提供标准图形库。

（4）使用灵活方便，无须编写任何语句。

（5）良好的人机界面，提供强大的在线帮助。

（6）支持超过屏幕大小的特大流程图的绘制，最大为宽 2 048 像素、高 2 048 像素。

（7）在画面的基础上可直接进行数据组态。

2. 功能简介

（1）程序启动。程序启动有 3 种方式：

①从 SCKey 组态软件窗口选择"操作站"→"流程图"→编辑命令。

②从桌面启动：双击桌面上的流程图绘制软件快捷图标 。

③从开始菜单启动：选择"开始"→"程序"→"AdvanTrol - XXX"→"JX - 300X 流程图"命令。

（2）屏幕认识：程序启动后将会显示如图 2 - 46 所示的流程图制作软件窗口。窗口主要由标题栏、菜单栏、菜单图标栏、工具栏、作图区、信息栏和滚动条（上下、左右）等几部分组成。

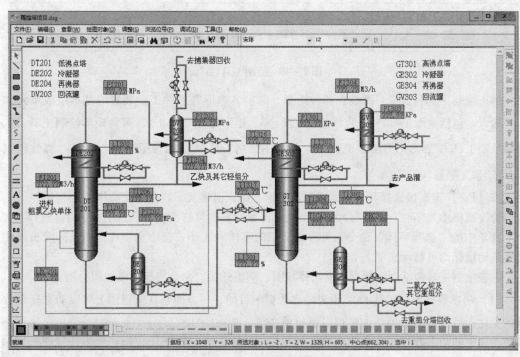

图 2 - 46　流程图制作窗口

菜单栏和菜单图标栏如图 2 - 47 所示。

图 2 - 47　菜单栏和菜单图标栏

菜单栏是流程图制作的主菜单，包括"文件""编辑""查看""绘图对象""调整""浏览信号"和"调试""工具"和"帮助"等。

3. 流程图制作流程

制作流程图时，一般应按照以下程序进行：

（1）在组态软件中进行流程图文件登录。

（2）启动流程图制作软件。

（3）设置流程图文件版面格式（大小、格线、背景等）。

（4）根据工艺流程要求，用静态绘图工具绘制工艺装置的流程图。

（5）根据监控要求，用动态绘图工具绘制流程图中的动态监控对象。

（6）绘制完毕后，用样式工具完善流程图。

（7）保存流程图文件至硬盘上，以登录时所用文件名保存。

（8）在组态软件中进行组态信息的总体编译，生成实时监控软件中运行的代码文件。

4. 绘制工具的使用

绘制流程图时应学会使用绘制工具，绘制工具栏如图2-48所示。它包括静态绘制工具和动态绘制工具。

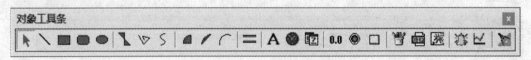

图2-48 绘制工具栏

静态绘制工具有直线、弧线、各种矩形、圆、多边形等各种工业装置的基本组成单元和字符输入。包括选取工具 、直线绘制工具 、矩形绘制工具 、圆角矩形绘制工具 、椭圆绘制工具 、多边形绘制工具 、饼状图绘制工具 、弧形图绘制工具 、弧线绘制工具 和文字写入工具 **A** 等。

按【Esc】键直接选择其他功能或单击鼠标右键，退出文字写入功能操作。

修改或移动文字时，在已写入的文字上双击鼠标右键可修改文字；选中文字后，选择"文字"菜单中的"选择字体"命令，可改变文字的字体和大小；选中文字后，用光标箭头点住文字拖动鼠标即可移动文字。

动态绘制工具包括动态数据、动态棒状图、动态开关、命令按钮的添加和绘制。

（1）动态数据添加工具 **0.0**：设置动态数据的目的，一方面是在流程图上可以动态显示数据的变化；另一方面是操作人员可以通过单击流程图画面中的动态数据，调出相应数据的弹出式仪表，进行实时监控。

单击 **0.0** 按钮，光标至作图区后呈＋字形状。在需要加入动态数据的位置（与矩形操作一致）加入该动态数据。动态数据的设定步骤如下：

①双击该动态数据框，弹出"动态数据设定"对话框，如图2-49所示。

②在"数据位号"处填入相应的位号，如果不清楚具体位号，可以单击位号查询按钮 **？** 进入"数据引用"对话框，如图2-50所示，选定所需位号，再单击"确定"按钮返回。

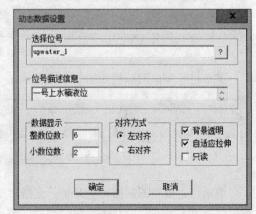

图2-49 动态数据设定窗口

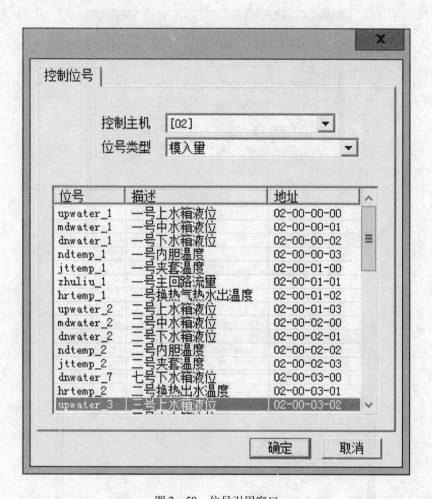

图 2 - 50　位号引用窗口

③用户在"整数/小数"框中根据需要添入相应数字，该功能用于分别指定实时操作时动态数据显示的整数和小数的有效位数。

（2）动态棒状图添加工具—■：动态棒状图可以直观地显示实时数据的变化，如液位的动态变化。单击 ▶ 按钮，将光标移至作图位置，移动＋字光标画出合适的棒状图，即完成棒状图绘制。动态棒状图的设置步骤如下：

①右击动态棒状图框，进入动画属性对话框，如图 2 - 51 所示。

②可根据自己的设计进行动态棒状图的比例填充、水平移动、旋转、闪烁等效果设置。

③根据实际情况及具体要求分别选择相应的位号、填充方向、填充颜色、填充数据等。

（3）动态开关绘制工具—◉：动态开关主要用于动态开关量设置，在流程图上动态显示开关的状态，设定窗口如图 2 - 52 所示。

（4）命令按钮绘制工具 ▭：用户使用命令按钮工具，可以在流程图界面制作自定义键按钮。在实时监控软件的流程图画面中，操作人员可以单击该按钮来实现如翻页和赋值等功能，大大简化了操作步骤。

单击 ▭ 按钮，将弹出如图 2 - 53 所示对话框，若只需进行画面间的跳转，可选择"特殊

图 2 - 51　动画属性对话框

图 2 - 52　"动态开关设置"窗口

翻页按钮"；若既可实现画面的跳转，又可进行自定义命令，则需选择"普通命令按钮"。

　　普通命令按钮的绘制方法：

　　①选中工具栏中的命令按钮，在图 2 - 53 所示对话框中选择"普通命令按钮"，进入"命令按钮设置"对话框，如图 2 - 54 所示。

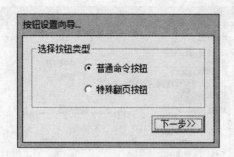

图 2 - 53　按钮设置向导窗口

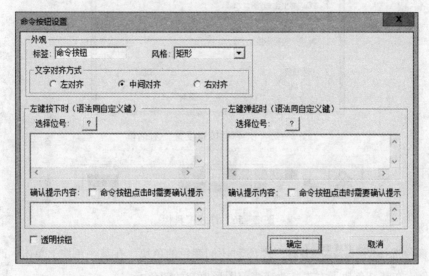

图 2 - 54　"命令按钮设置"窗口

②填写"标签"的名称,选择按钮的"风格",选择"左对齐""中间对齐"或"右对齐"改变按钮标签的位置。

③单击位号查找 ? 按钮,进入位号引用对话框,在位号引用对话框中选定所需位号,再单击"确定"按钮返回。

④在编辑代码区域填写命令按钮的自定义语言,其语法类似自定义键,具体操作可见系统组态软件中自定义键组态语言。

⑤命令按钮需要确认是指在 AdvanTrol 中,单击命令按钮时会提示是否要执行,这样可以有效防止用户的误操作。

⑥单击"确定"按钮完成一个命令按钮的设置。

特殊翻页按钮的绘制方法:

①选中工具栏中的命令按钮,在图 2 - 53 所示对话框中选择"特殊翻页按钮",进入"翻页按钮设置"对话框,如图 2 - 55 所示。

②填写"标签"的名称,选择按钮的"风格",选择"文字对齐方式"。

③在"画面类型"和"页码"中进行所需跳转画面的设置。

5. 样式工具的使用

使用如图 2 - 56 所示的样式工具栏,可完成常用标准模板的添加,以及对颜色、填充方式、线形、线宽等的选择。

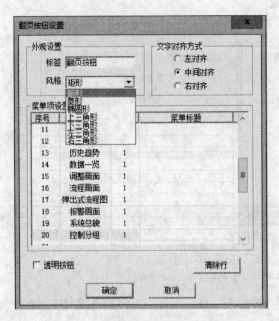

图 2 - 55   "翻页按钮设置"对话框

图 2 - 56   样式工具栏

（1）颜色选择███████████。共 16 种不同颜色的色块。在某一色块上单击，改变当前画线的颜色；在某一色块上右击，改变当前图形填充的颜色。

（2）当前颜色示意块█。用两个矩形表示当前绘图颜色配置状态。前面矩形的颜色表示当前画线的颜色，后面矩形的颜色表示当前填充的颜色。

如果对所提供的 16 种颜色不满意，可用鼠标左键（编辑当前画线颜色）或右键（编辑当前填充颜色）单击当前颜色示意块█，将出现 48 种颜色的颜色对话框供选择；还可以自定义颜色直至满意。

（3）填充模式███。提供 8 种不同填充模式的方块，单击某一方块，即选择该填充方式为当前填充模式，最上边的方块表示透明、不填充。

（4）线形、线宽选择███。有 7 种线形、3 种线宽可供选择，单击某线形或线宽，即选择了当前线形或线宽。若线宽不能满足要求，可单击"自定义"进行自定义线宽，数值取值范围 1~8。

6. 图库的制作与使用

在流程图绘制中，要用到许多标准图形或相同、近似的图形。为了减少工作量，避免不必要的重复操作，利用模板功能可以制作自己的图库。具体操作步骤如下：

（1）在作图区绘制好图形后，选择"组合"按钮使之组合成为一个对象。

（2）右击该组合对象，选择"保存模板"，进入相应的对话框，如图 2 - 57 所示。

（3）选择需要存入的模板类型后在进行模板名称的命名即可。

图 2-57 "保存到模板文件"对话框

（4）若要选取现有的模板，则只要在工具栏中选择 ，在如图 2-58 所示的对话框中进行选择即可。

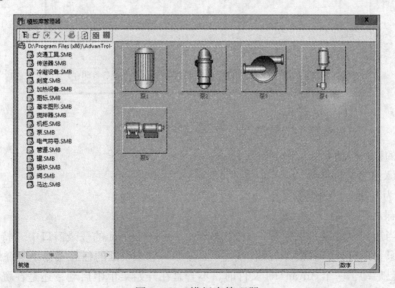

图 2-58 模板库管理器

二、系统实时监控

（一）概述

1. 软件特点

（1）软件运行环境：Windows 2000/NT Workstation 4.0 中文版。

（2）采用多任务、多线程，32 位代码。

（3）采用实时数据库。

（4）分辨率 1 024×768 像素，16 位真彩色。

（5）数据更新周期 1 s，动态参数刷新周期 1 s。

（6）按键响应时间≤0.2 s。

（7）流程图完整响应时间≤2 s，其余画面≤1 s。

（8）命令响应时间≤0.5 s。

（9）提供实时和历史数据读取、控制站参数修改的 API，以便向用户开放（高级应用）。

（10）支持网络实时数据库。

2. 启动与登录

双击桌面上实时监控软件的快捷图标 ，启动软件。首先出现实时监控软件登录界面，如图 2 – 59 所示。

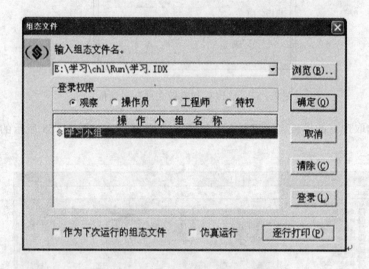

图 2 – 59   实时监控软件登录界面

窗口中的操作包括：

（1）输入组态文件名。

（2）作为下次运行的组态文件。

（3）登录权限。

举例：当用户设定以"工程师"方式登录时，在 AdvanTrol 的登录窗口中"特权"选项被禁止，用户只可以选择"观察""操作员""工程师"登录权限的任意操作小组登录。

当系统已启动了一个 AdvanTrol 文件时，不管是在开始菜单中启动，还是在资源管理器中双击 AdvanTrol 图标，系统都不再响应，即在一个时刻，系统只能有一个 AdvanTrol 监控软件运行。

单击"确定"按钮后，将进入实时监控初始界面，如图 2 – 60 所示。

3. 屏幕认识

实时监控界面由标题栏、操作工具栏、报警信息栏、综合信息栏和主界面区五部分组成。综合信息栏如图 2 – 61 所示。

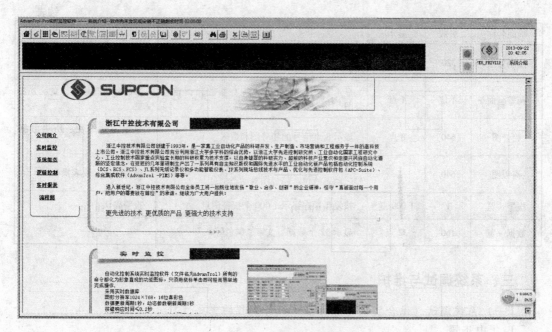

图 2 - 60　实时监控软件窗口

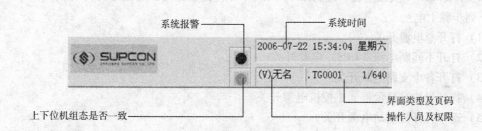

图 2 - 61　实时监控软件综合信息栏

（二）实时监控操作界面

1. 操作员键盘

组成：SP032 操作员键盘共有 96 个按键，分为自定义键、功能键、界面操作键、屏幕操作键、回路操作键、数字修改键、报警处理键及光标移动键等，对一些重要的键实现了冗余设计。

特点：使用寿命长；采用薄膜封闭形式，防水、防尘，能在恶劣工业环境下工作；按键排列方式有助于减少误操作。

2. 实时监控操作界面

单击界面操作按钮，进入相应的操作界面。实时监控操作界面包括：系统总貌、控制分组、调整界面、趋势图、流程图、报警一览、数据一览。操作界面一览表如表 2 - 31 所示。

表 2 - 31　操作界面一览表

画面名称	页数	显示	功能	操作
系统总貌	160	32 块	显示内部仪表、检测点等的数据和状态或标准操作画面	画面展开

画面名称	页数	显示	功能	操作
控制分组	320	8 点	显示内部仪表、检测点、SC 语言数据和状态	参数和状态修改
调整画面	不定	1 点	显示一个内部仪表的所有参数和调整趋势图	参数和状态修改、显示方式变更
趋势图	640	8 点	显示 8 点信号的趋势图和数据	显示方式变更、历史数据查询
流程图	640		流程图界面和动态数据、棒状图、开关信号、动态液位、趋势图等动态信息	画面浏览、仪表操作
报警一览	1	1 000 点	按发生顺序显示 1 000 个报警信息	报警确认
数据一览	160	32 点	显示 32 个数据、文字、颜色等	—

三、系统调试与维护

（一）系统调试（结合实训与考核强调操作规程的重要性）

1. 上电步骤

系统上电前，必须确保系统地、安全地、屏蔽地已连接好，确保不间断电源（UPS）、控制站和操作站 220 V 交流电源、控制站 5 V 和 24 V 直流电源均已连接好并符合设计要求。然后按下列步骤上电：

（1）打开总电源开关。

（2）打开不间断电源（UPS）电源开关。

（3）打开各个支路电源开关。

（4）打开操作站显示器、工控机电源开关。

（5）逐个打开控制站电源开关。

否则，由于不正确的上电顺序，会对系统的部件产生较大的冲击。

2. 下载组态

将工程师站中已经编译好的程序文件下载到控制站里，并对其他操作站进行传送。

3. I/O 通道测试

（1）模拟输入信号测试。

（2）开入信号测试。

（3）模拟输出信号测试。

（4）开出信号测试。

4. 系统模拟联调

联调应解决的问题是信号错误（包括接线、组态）问题、DCS 与现场仪表匹配问题、现场仪表是否完好。

在系统模拟联调结束后，操作人员已可通过操作站画面和内部仪表的手操，对工业过程进行监视和操作，然后由工作人员配合用户的自控、工艺人员，逐一对自动控制回路进行投运。

（二）系统维护

1. 日常维护

DCS 系统运行过程中，应做好日常维护。日常维护主要内容如下：

（1）中央控制室管理。

（2）操作站硬、软件管理。

（3）控制站管理。

（4）通信网络管理。

2. 预防维护

每年应利用大修进行一次预防性的维护，以掌握系统运行状态，消除故障隐患。大修期间对 DCS 系统应进行彻底维护，内容如下：

（1）操作站、控制站停电检修。包括工控机内部、控制站机笼、电源箱等部件的灰尘清理。

（2）系统供电线路检修。

（3）接地系统检修，包括端子检查、对地电阻测试。

（4）现场设备检修。

3. 故障维护

发现故障现象后，系统维护人员首先要找出故障原因，进行正确处理。

故障主要有：

（1）操作站故障。

（2）卡件故障。

为了避免操作过程中由于静电引入而造成损害，应遵守以下规定：

①所有拔下的或备用的 I/O 卡件应包装在防静电袋中，严禁随意堆放。

②插拔卡件之前，须作好防静电措施，如带上接地良好的防静电手腕，或进行适当的人体放电。

③避免碰到卡件上的元器件或焊点等。

④卡件经维修或更换后，必须检查并确认其属性设置，如卡件的配电、冗余等跳线设置。

（3）通信网络故障。

（4）信号线故障。

（5）现场设备故障。

四、工程应用实例

（一）工艺简介

重油催化裂化装置一般包括反应-再生部分、分馏部分、吸收稳定部分、产汽部分、公用工程部分、主风机、气压机、烟机、余热锅炉等，工艺流程如图 2-62 所示。

催化裂化生产过程具有高度的连续性，生产系统庞杂，易燃易爆，工艺流程长且过程复杂。

催化裂化生产装置主要采用常规单回路控制、串级控制。另有部分选择控制、切换控制、分程控制、连锁等复杂控制，在同类装置中是较为典型的。装置中压缩机采用单独的防喘振控制系统。

（二）系统配置

系统共配置 3 个控制站、5 个操作员站、一个工程师兼操作员站和 11 个操作台（含两台打印机台）。

系统共配置 4 个控制柜，21 个机笼，所有控制回路冗余配置，系统测控点分布如表2-32所示。具体卡件配置如表2-33所示，DCS 系统配置如图2-63所示。

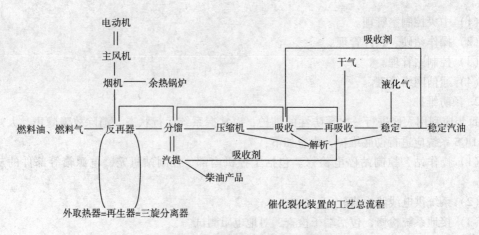

催化裂化装置的工艺总流程

图 2-62　重油催化裂化装置工艺流程

表 2-32　系统测控点分布

信号类型		点　数
AI	4~20 mA	365
	TC	150
	RTD	78
AO		116
DI		144
DO		13
总　计		866

表 2-33　卡件配置

序号	卡件名称			型号	单位	数量
1	控制站	工作卡件	主控卡	SP243	块	6
2			通信接口卡	SP244	块	1
3			数据转发卡	SP233	块	38
4			电流信号输入卡	SP313	块	132
5			电压信号输入卡	SP314	块	40
6			热阻信号输入卡	SP316	块	26
7			模拟量输出卡	SP372	块	58
8			开关量输出卡	SP362	块	24
9			开关量输入卡	SP363	块	18
10			时间顺序记录卡	SP334	块	4

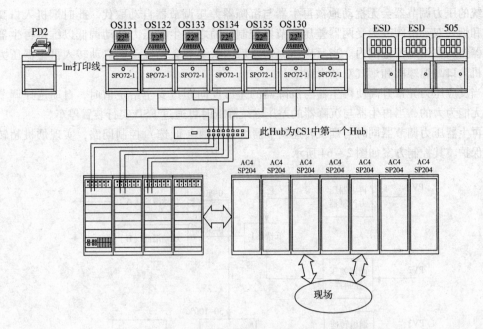

图 2-63　50 万吨/年重油催化裂化项目 DCS 配置图

（三）主要控制方案

从控制方案来看，分馏和吸收稳定部分多为单回路、串级等常规控制，机组的防喘振控制一般由 ESD（Emergency Shutdown Device）来控制，控制的重点是反应部分。反应部分一般有以下几个重要控制方案。

1. 反应器温度控制

反应温度是影响催化裂化装置产品产率和产品分布的关键参数，可以通过调节再生催化剂的循环量来控制。具体来讲，通过调节再生滑阀开度来改变再生催化剂循环量达到控制温度，引入再生滑阀差压来组成温度与差压的低值选择控制，以实现再生滑阀低压差软限保护，防止催化剂倒流。

2. 反应压力控制

反应压力通过在不同阶段控制 3 个不同的阀来实现。

两器烘炉及流化阶段，利用安装在沉降器顶出口油气管线上的放空调节阀来控制；在反应进油前建立汽封至两器流化升温阶段，由测压点设在催化分馏塔顶的压力调节器调节塔出口油气蝶阀的开度来控制两器压力；反应进油至启动富气压缩机前，通过调节气压机入口富气放火炬小阀的开度来控制，并遥控与放火炬大阀并联的大口径阀以保证进油阶段反应压力稳定；正常生产阶段，富气压缩机投入运行后，反应压力由催化分馏塔顶压力调节器控制汽轮机调速器，通过控制汽轮机转速来保证反应压力的稳定。同时反喘振投自动，富气压缩机入口压力调节器控制入口富气放火炬大阀投自动。

3. 再生器沉降器差压与再生器压力控制以及烟机转速控制

大型催化装置一般有烟机，再生器与沉降器之间的压力平衡以及烟机转速控制显得尤为重要，也是整个控制方案的难点。

为了维持主风机组的平稳操作，再生器与沉降器差压调节和再生器压力调节组成自动选择分程调节系统，当再生器与沉降器差压在给定范围内时，再生器压力调节器控制烟机入口高温蝶阀和烟气双动滑阀，当反应压力降低时，再生器与沉降器的差压超过安全给定时，自选调节系统的压力调节器会无扰动地被再生器与沉降器差压调节器自动取代。此时烟机入口高温蝶阀和烟气双动滑阀改为受两器差压调节器控制，随之再生器压力自动调低以维持再生器与沉降器差压在给定值范围内。当反应压力恢复后，系统又会无扰动地自动转入再生器压力控制烟机入口高温蝶阀和烟气双动滑阀。

当反应压力异常升高使再生器与沉降器的差压反向超过安全给定值时，自动选择调节系统是无能为力的，当再生器与沉降器的差压继续降低时可通过 ESD 实行装置停车。

再生器压力调节器同时与烟机转速调节器组成超弛（低选）控制回路，实现烟机超转速软限保护。其控制方案如图 2－64 所示。

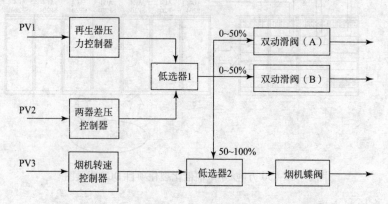

图 2－64　再生器压力与烟机转速超弛（低选）控制回路

开车过程中，烟机是在整个装置稳定以后再投入使用的。烟机投用前，烟机蝶阀全关，由两器差压控制器和再生器压力控制器组成的低选控制系统调节双动滑阀以保证两器压力平衡；要投烟机时，遥控烟机蝶阀，待烟机冲转稳定后，再投入自动。这个过程操作的难度较大，实际开车过程中，结合百万吨装置的经验，对上述方案进行了简化。由于装置正常运行时，烟机转速比较平稳，烟机转速控制直接遥控烟机蝶阀实现，烟机超速保护由 ESD 连锁实现，再生器压力控制器和两器差压控制器组成低选控制系统调节双动滑阀以保证两器压力平衡。

4. 反应沉降器藏量控制

反应沉降器藏量直接控制待生塞阀，由于待生立管有较大的储压能力和操作弹性，故待生塞阀一般不设置软限保护，但设有差压记录和低差压报警。总之，催化裂化装置的实施还是有一定难度的。控制方案的设计方面，在尊重原设计的基础上，要结合操作人员的经验，尽量简化，易于操作，以保证方案简单可靠，投用效果好。另外，设计过程中，操作人员的经验也是很重要的。

任务评价

（1）收集、整理资料能力评价标准见附录 A 中的表 A－1。

（2）核心能力评价表见附录 A 中的表 A－2～表 A－5。

（3）个人单项任务总分评定建议见附录 A 中的表 A－8。

（4）操作能力训练评价表见附录 A 中的表 A－6。

项目三

↻ 水箱与电加热炉集散控制系统

在北方地区，1 年中有 6 个月供暖期，外界气温变化大，供热企业如果按一个标准来控制锅炉燃烧，会造成春秋季能源大量浪费，而冬季达不到供暖温度，因此需要根据室外温度的变化对热水锅炉的燃烧进行实时控制。为及时准确地对锅炉燃烧进行监控，新疆吕吉热力中心的热水锅炉控制采用了浙江中控 JX – 300X 集散控制系统。

通过该中心的实践该系统具有良好的可靠性、安全性，数据采集实时、准确，可动态实时显示有关参数（液位、压力、温度、流量等），为运行人员及时调整运行方式和工况提供了可靠的依据，满足了安全生产的需要。在技术上保持了先进性，从根本上解决了系统软硬件及接口的通用性、开放性和标准化问题，进一步提高了系统可维护性，大大降低了系统的维护成本。

该系统通过彩色显示器，提供全中文操作界面和数字、棒图、曲线、流程图等多种显示方式；将现场数据采集到实时数据库中，并根据数据的变化用动画的方式形象地表示出来，同时完成超限报警、故障报警、趋势曲线、历史记录、数据查询、检索等监控功能，并生成历史数据文件。

任务 1   水箱液位控制系统

在工业生产自动控制系统中，液位是最为普遍的控制变量，如在供水系统、锅炉控制系统及冶金生产过程中都要涉及液位控制。如何根据设计要求使系统达到实时控制，又如何分析水箱控制的变化规律？本项目任务将通过对一阶、二阶水位控制来模拟现实的生产工作流程，使学生对过程控制有初步的了解。

💻 任务目标

（1）掌握水位开环与闭环控制方式与原理。

（2）掌握过程控制系统中的液位检测、压力检测的原理及应用。

（3）掌握控制系统软件安装、系统组态、编程、通信、在线调试。

（4）学习使用 DCS 控制系统正确操作水箱对象并进行液位测试。

（5）掌握对简单的液位系统进行 DCS 设计、组态、监控的方法，并能够根据由实际测得的液位曲线分析系统特性。

（6）熟悉 P（比例）、PI（比例积分）和 PID（比例—积分—微分）调节器对系统性能的控制作用。

子任务1　水箱液位开环控制系统

专业能力训练1　一阶单容水箱液位控制系统

任务内容：本任务以一阶单容水箱的液位为控制变量，使用 DCS 控制系统进行测试。首先熟悉一阶单容水箱的数学模型及阶跃响应曲线；之后能够使用 DCS 控制系统正确操作单容对象并进行测试，根据由实际测得一阶单容水箱液位阶跃响应曲线，用相关的方法分别确定参数。其系统流程图如图 3-1 所示。

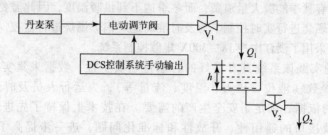

图 3-1　一阶单容水箱系统流程图

根据任务实施步骤完成：

（1）系统初始平衡时，系统的输出值与水箱水位高度 h_1、上位机显示值之间的关系。

（2）当给入一阶跃信号（增加 5% 的输出量）时，记录从初始平衡状态到再次平衡状态时的数据变化，绘出阶跃响应曲线。

（3）当给入一阶跃信号（减少 5% 的输出量）时，记录从初始平衡状态到再次平衡状态时数据变化，绘出阶跃响应曲线。

（4）总结单容水箱的液位控制的阶跃响应曲线。

专业能力训练2　二阶双容水箱液位控制系统

任务内容：经过"一阶单容水箱"的训练学习，对水箱液位控制系统应该有了一个初步的认识。本次任务在"一阶单容水箱"的基础上又多了一个控制对象，为双容水箱液位控制系统。首先熟悉二阶双容水箱的数学模型及其阶跃响应曲线，再根据由实际测得的二阶双容水箱液位阶跃响应曲线，分析二阶双容水箱液位控制系统的飞升特性，进而能够使用 DCS 控制系统正确操作双容对象并进行测试。二阶双容水箱是由两个一阶非周期惯性环节串联起来，输出量是下水箱的水位 h_2，其系统结构框图如图 3-2 所示。

根据任务要求完成：

（1）系统初始平衡时，系统的输出值与水箱水位高度 h_1、上位机显示值之间的关系。

（2）当给入一阶跃信号（增加 5% 的输出量）时，记录从初始平衡状态到再次平衡状态时数据变化，绘出阶跃响应曲线。

（3）当给入一阶跃信号（减少 5% 的输出量）时，记录从初始平衡状态到再次平衡状态时数据的变化，绘出阶跃响应曲线。

（4）总结双容水箱液位控制的阶跃响应曲线。

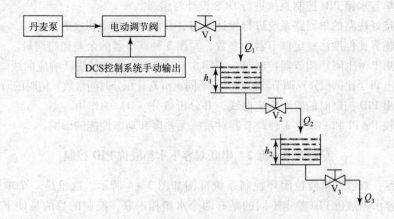

图 3 – 2 二阶双容水箱系统结构图

子任务 2 水箱液位闭环控制系统

专业能力训练 1 单容水箱 PID 控制

任务内容：通过上面任务的学习，可以基本掌握水箱液位控制的一般方法，同时对相关设备的操作也有了一定的了解。本任务以前面任务为基础，熟悉单回路反馈控制系统的组成和工作原理，研究系统分别用 P、PI 和 PID 调节器时的控制性能，定性地分析 P、PI 和 PID 调节器的参数对系统性能的影响，并学会用 DCS 控制系统进行组态操作控制，从而实现单容及串接双容系统流量进行 PID 调节，使学生进一步掌握过程控制中最常用的调节方法。

图 3 – 3 所示为单回路上水箱液位控制系统。单回路调节系统一般指在一个调节对象上用一个调节器来保持一个参数的恒定，而调节器只接受一个测量信号，其输出也只控制一个执行机构。

本系统所要保持的参数是液位的给定高度，即控制的任务是控制上水箱液位等于给定值所要求的高度。根据控制框图，这是一个闭环反馈单回路液位控制，采用工业智能仪表控制。当调节方案确定之后，接下来就是整定调节器的参数，一个单回路系统设计安装就绪之后，控制质量的好坏与控制器参数选择有着很大的关系。合适的控制参数，可以带来满意的控制效果。反之，控制器参数选择得不合适，则会使控制质量变坏，达不到预期效果。一个控制系统设计好以后，系统的投运和参数整定是十分重要的工作。

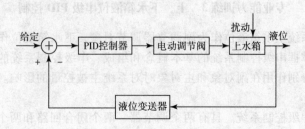

图 3 – 3 单回路上水箱液位控制系统

根据任务要求完成：

（1）画出单容水箱液位控制系统的框图。

（2）对单容水箱 PID 控制系统进行 DCS 设计与组态。

（3）用接好线路的单回路系统进行投运练习，并叙述无扰动切换的方法。

（4）用临界比例度法整定调节器的参数，写出 3 种调节器的余差和超调量。

（5）作出 P（比例）调节器控制时，不同 δ（比例度）值下的阶跃响应曲线。

（6）作出 PI（比例积分）调节器控制时，不同 δ 和 T_i（积分时间常数）值时的阶跃响应曲线。

（7）画出 PID 控制时的阶跃响应曲线，并分析微分（D）的作用。

（8）比较 P、PI 和 PID 这 3 种调节器对系统无差度和动态性能的影响。

专业能力训练 2　串联双容下水箱液位 PID 控制

任务内容：双容水箱液位闭环控制系统框图如图 3 - 4 所示。这也是一个单回路控制系统，它与单容水箱液位 PID 整定不同的是有两个水箱相串联，控制的目的是使下水箱的液位高度等于给定值所期望的高度，具有减少或消除来自系统内部或外部扰动的影响功能。显然，这种反馈控制系统的性能完全取决于调节器的结构和参数的合理选择。由于双容水箱的数学模型是二阶的，故它的稳定性不如单容液位控制系统。

对于阶跃输入（包括阶跃扰动），这种系统用比例（P）调节器去控制，系统有余差，且与比例度成正比，若用比例积分（PI）调节器去控制，不仅可实现无余差，而且只要调节器的参数 K 和 T_i 调节得合理，也能使系统具有良好的动态性能。比例积分微分（PID）调节器是在 PI 调节器的基础上再引入微分（D）的控制作用，从而使系统既无余差存在，又使其动态性能得到进一步改善。

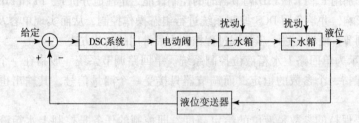

图 3 - 4　双容水箱液位闭环控制系统框图

根据任务要求完成：

（1）画出双容水箱液位控制系统的结构图。

（2）画出 PID 控制时的阶跃响应曲线，并分析微分（D）对系统性能的影响。

专业能力训练 3　上、下水箱液位串级 PID 控制

任务内容：本系统上水箱液位作为副调节器调节对象，下水箱液位作为主调节器调节对象。通过本任务，掌握串级控制系统的基本概念和组成、串级控制系统的投运与参数整定方法，研究阶跃扰动分别作用在副对象和主对象时对系统主被控量的影响。本系统控制框图如图 3 - 5 所示。

本系统为液位串级控制系统。具有两个调节器、两个闭合回路和两个执行对象。两个调节器分别设置在主、副回路中，设在主回路的调节器称主调节器，设在副回路的调节器称为副调节器。两个调节器串联连接，主调节器的输出作为副回路的给定量，主、副调节器的输出分别去控制两个执行元件。主对象的输出为系统的被控制量锅炉夹套温度，副对象的输出是一个辅助控制变量。

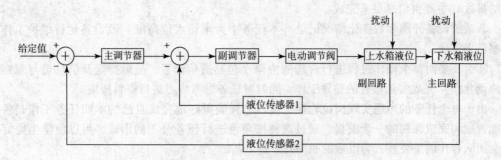

图 3 – 5　上水箱、下水箱液位串级控制框图

根据任务要求完成：

（1）画出串级控制系统的控制方块图。

（2）分析串级控制和单回路 PID 控制的不同之处。

（3）对上、下水箱串级控制系统进行 DCS 设计与组态。

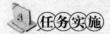任务实施

子任务 1　水箱液位开环控制系统

专业能力训练 1　一阶单容水箱液位控制系统

1. 课前预习

工业过程控制系统的流量及液位控制，自控原理中 PID 调节参数，组态软件应用及知识链接内容。

2. 设备与器材

AE 2000 型过程控制实训装置、PC、DCS 控制系统与监控软件。

3. 能力训练

（1）分组：根据"任务内容"要求进行分组，分配组内各成员角色（各角色应进行轮换），选举产生组长对组内各成员分配任务，按预定目标完成收集、整理工作。小组成员具体分工如表 3 –1 所示。

表 3 –1　分组情况表

组别：第　组

序　号	姓　名	角　色	任 务 分 工
1	张三	接线员	
2	李四	观察员	
3	王五	组长	
4	赵六	信息员	

本任务按角色的不同，具体的任务分工如下：

①系统前期准备及系统连线工作主要由接线员来完成。

②系统启动与上位机软件操作，（包括组态参数的设置情况，系统运行过程参数调节及简

单的排故）主要由信息员来完成。

③系统设备外围参数变化情况记录（本任务中为水箱水位高度）及设备运行维护工作由观察员来完成。

④组长要对整个操作过程进行合理的协调（包括通信设置、故障排除及信息员与观察员的协调合作）完成实训报告的整理工作，同时对任务思考练习进行资料搜集。

由于每个任务的角色实现岗位轮换，所以怎样能更好地完成自己的本职任务工作是各小组能否顺利完成课题的一个前提。通过这种按角色进行任务分工的形式，可以使学生更好地体会团队合作的重要性，为以后的职场就业打下基础。

（2）对象的连接和检查：

①将 AE 2000 实训对象的储水箱灌满水（至最高高度）。

②打开以水泵、电动调节阀、电磁流量计组成的动力支路至上水箱的出水阀门，关闭动力支路上通往其他对象的切换阀门。

③打开上水箱的出水阀至适当开度。

（3）实施步骤：

①打开控制柜中水泵、电动调节阀的电源开关。

②启动 DCS 上位机组态软件，进入主界面，然后进入"一阶单容水箱控制系统"界面。

③用鼠标单击调出 PID 窗体，然后在 MV 栏中将电动调节阀设定为适当开度。（此实训必须在手动状态下进行）

④观察系统的被调量：上水箱的水位是否趋于平衡状态。若已平衡，应记录系统输出值，以及水箱水位的高度 h_1 和上位机的测量显示值并填入表 3 – 2 水箱初始稳态测试表中。

表 3 – 2　水箱初始稳态测试表

系统输出值 0 ~ 100/%	水箱水位高度 h_1/cm	上位机显示值/cm

⑤迅速增加系统输出值，增加 5% 的输出量，记录此引起的阶跃响应过程参数到表 3 – 3 所示的上升阶跃响应过程数据检测表，它们均可在上位软件上获得，以所获得的数据绘制变化曲线。

表 3 – 3　上升阶跃响应过程数据检测表

t/s								
水箱水位 h_1/cm								
上位机读数/cm								

⑥直到进入新的平衡状态。再次记录平衡时的下列数据，并填入表 3 – 4 所示的新稳态测试表中。

表 3 – 4　新稳态测试表

系统输出值 0 ~ 100/%	水箱水位高度 h_1/cm	上位机显示值/cm

⑦将系统输出值调回到步骤⑤前的位置，再用秒表和数字表记录由此引起的阶跃响应过

程参数与曲线，填入表 3 - 5 所示的下降阶跃响应过程数据检测表中。

表 3 - 5　下降阶跃响应过程数据检测表

t/s							
水箱水位 h_1/cm							
上位机读数/cm							

⑧重复上述实训步骤。

4. 实训报告要求

（1）作出一阶环节的阶跃响应曲线。

（2）根据实训原理中所述的方法，求出一阶环节的相关参数。

5. 注意事项

（1）本实训过程中，出水阀不得任意改变开度大小。

（2）阶跃信号不能取得太大，以免影响正常运行；但也不能过小，以防止因读数误差和其他随机干扰影响对象特性参数的精确度。一般阶跃信号取正常输入信号的 5% ~ 15%。

（3）在输入阶跃信号前，过程必须处于平衡状态。

专业能力训练 2　二阶双容下水箱液位控制系统

1. 课前预习

工业过程控制系统的流量及液位控制，自控原理中 PID 调节参数，组态软件应用及知识链接内容。

2. 设备与器材

AE 2000 型过程控制实训装置、PC、DCS 控制系统与监控软件。

3. 能力训练

（1）按照子任务 1 中要求重新分工，进行岗位轮换。

（2）设备的连接和检查：

①开通以水泵、电动调节阀、电磁流量计以及上水箱出水阀所组成的水路系统；关闭通往其他对象的切换。

②将下水箱的出水阀开至适当开度。

③检查电源开关是否关闭。

（3）实施步骤：

①开启电源开关。启动计算机 DCS 组态软件，进入相应系统。

②开启单相泵电源开关，启动动力支路。在上位机软件界面单击调出 PID 窗体，然后在 MV 栏中将电动调节阀设定为适当开度。（此实训必须在手动状态下进行）将被控参数液位高度控制在 30% 处（一般为 10 cm）。

③观察系统的被调量——水箱的水位是否趋于平衡状态。若已平衡，应记录系统输出值，以及水箱水位的高度 h_2 和上位机的测量显示值并填入表 3 - 6 所示的初始稳态测试表中。

表 3 - 6　初始稳态测试表

系统输出值 0 ~ 100/%	水箱水位高度 h_2/cm	上位机显示值/cm

④迅速增加系统手动输出值,增加 10% 的输出量,记录此引起的阶跃响应的过程参数,均可在上位软件上获得各项参数和数据,填入表 3 - 7 所示的上升阶跃响应过程数据检测表,并绘制过程变化曲线。

表 3 - 7　上升阶跃响应过程数据检测表

t/s										
水箱水位 h_2/cm										
上位机读数/cm										

⑤直到进入新的平衡状态。再次记录测量数据,并填入表 3 - 8 所示的新稳态测试表中。

表 3 - 8　新稳态测试表

系统输出值 0 ~ 100/%	水箱水位高度 h_2/cm	上位机显示值/cm

⑥将系统输出值调回到步骤④前的位置,再用秒表和数字表记录由此引起的阶跃响应过程参数与曲线,填入表 3 - 9 所示的下降阶跃响应过程数据检测表中。

表 3 - 9　下降阶跃响应过程数据检测表

t/s										
水箱水位 h_2/cm										
上位机读数/cm										

⑦重复上述实训步骤。

4. 注意事项

(1) 做本实训过程中,出水阀不得任意改变开度大小。

(2) 阶跃信号不能取得太大,以免影响正常运行;但也不能过小,以防止影响对象特性参数的精确性。一般阶跃信号取正常输入信号的 5% ~ 15%。

(3) 在输入阶跃信号前,过程必须处于平衡状态。

5. 实训报告要求

(1) 作出二阶环节的阶跃响应曲线。

(2) 根据实训原理中所述的方法,求出二阶环节的相关参数。

(3) 试比较二阶环节和一阶环节的不同之处。

子任务 2　水箱液位闭环控制系统

专业能力训练 1　单容水箱 PID 控制

1. 课前预习

一阶水箱液位控制的特性原理、自控原理、过程控制中 PID 参数整定及参数调节设置的基本方法,组态软件的使用过程及知识链接内容。

2. 设备与器材

AE 2000 型过程控制实训装置、PC、DCS 控制系统与监控软件。

3. 能力训练

（1）一号上水箱 PID 控制系统 DCS 设计与组态：

①总体信息组态：设置 2 个控制站，一号控制站：主控制卡选择 SP243X，冗余配置，其地址为 02；二号控制站主控卡选择 SP239 – DP，如图 3 – 6 所示。2 号控制站下设 3 个操作站（地址分别为 130～132）、1 个工程师站（地址为 129）。

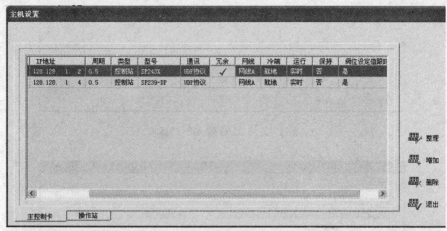

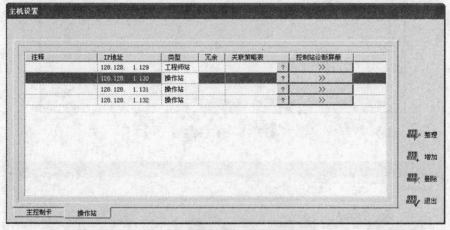

图 3 – 6　主机设置

②控制站组态：主要包括系统 I/O 组态和控制方案组态。

• 系统 I/O 组态：按表 3 – 10 控制站 I/O 测点分配进行组态。数据转发卡选择 SP233，冗余配置，其地址为 00。I/O 卡件组态如图 3 – 7 所示，包括 1 个 SP314 和 1 个 SP322。

表 3 – 10　上水箱液位系统 I/O 点

信号类型	卡件型号	卡件类型	点数	卡件数目	位号
模拟量输入	SP314	AI	1	1	upwater_ 1
模拟量输出	SP322	AO	1	1	tiaojie_ 1

• 自定义变量：如图 3 – 8 所示，2 字节变量 number1，无符号整数。

• 自定义回路：如图 3 – 9 所示，进行回路参数设置和 PV、MV、SV 的设置。

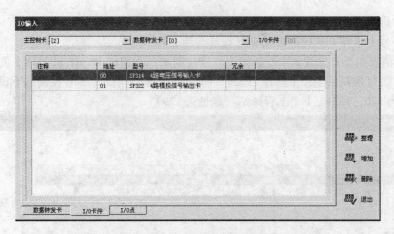

图3-7 "I/O 输入"对话框

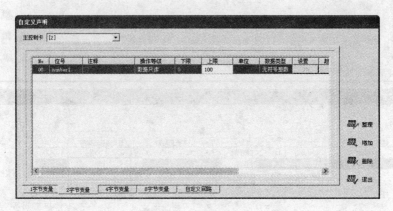

图3-8 自定义变量

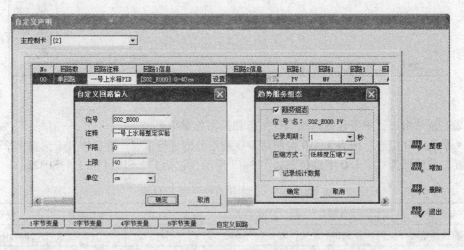

图3-9 一号上水箱 PID 控制系统控制回路

- 自定义控制方案,如图3-10所示。

③操作小组组态:

- 总貌画面设置,如图3-11所示。

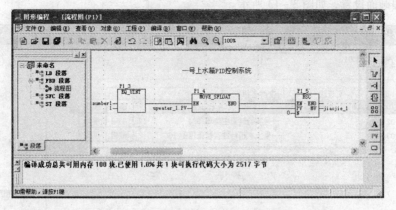

图 3-10　一号上水箱 PID 控制系统自定义控制方案

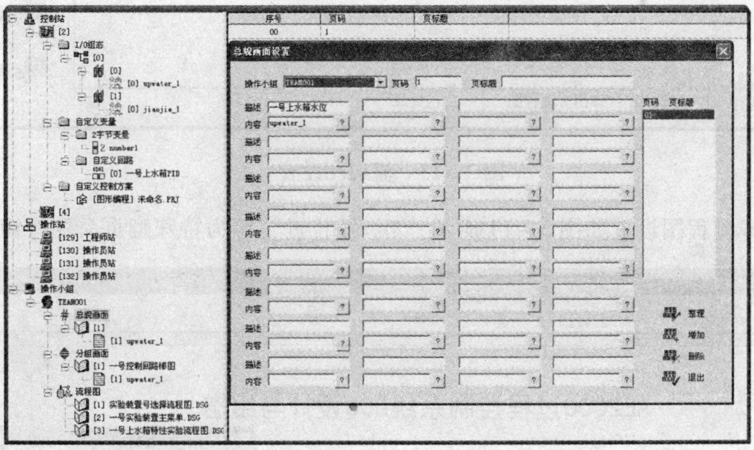

图 3-11　操作小组设置、总貌画面设置

• 分组画面设置，如图 3-12 所示。

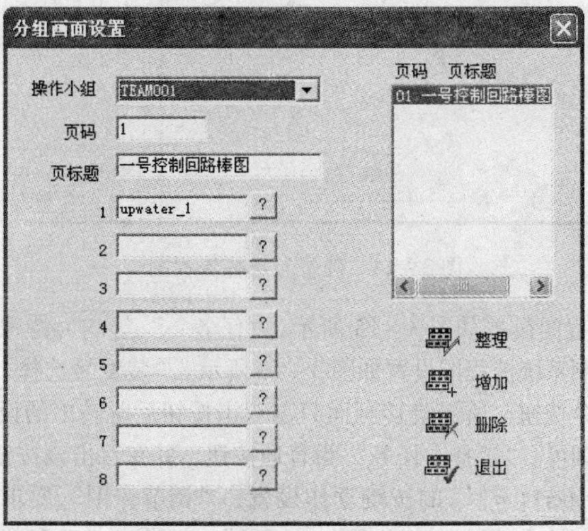

图 3-12　分组画面设置

● 流程图画面设置，如图 3 – 13 所示。

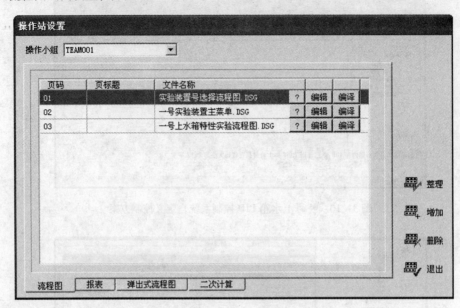

图 3 – 13　流程图设置

装置号选择流程图设置如图 3 – 14 所示，"一号装置" 等为特殊翻页命令按钮。

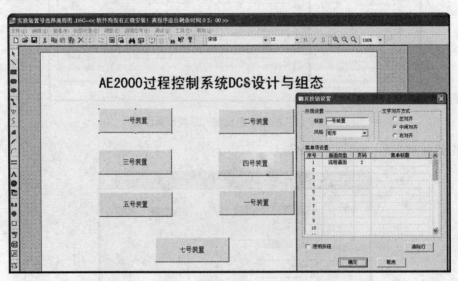

图 3 – 14　装置号选择流程图

一号装置主菜单流程图设置如图 3 – 15 所示，"任务一" 等均为特殊翻页命令按钮。

一号上水箱 PID 控制系统流程图设置如图 3 – 16 所示。"装置号选择、返回主菜单、调节棒图" 等均为特殊翻页命令按钮，所需跳转画面只需双击按钮后跳转出的设置对话框中进行 "画面类型、页码" 的选择即可。"选择本任务" 为普通按钮，并在双击该按钮后跳出的对话框中进行 "动态特性显示｛number1｝= 1" 的按键动作设置；"调节棒图" 要求跳转到 "控制分组画面"；"测量值、设定值、输出值" 的小方框为 "矩形"，问号为 "动态数据" 工具条；右下角大方框为 "趋势控件" 工具条；其他器件可以从软件左下角 "模板库" 工具条中查找。

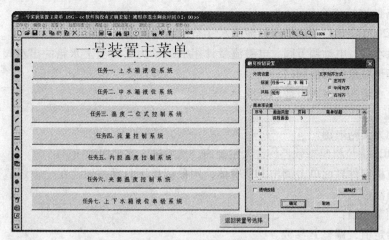

图 3-15　一号装置主菜单

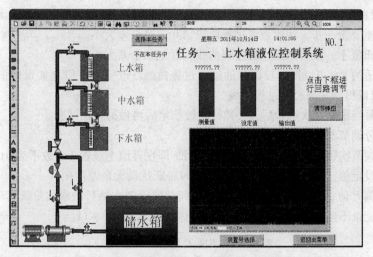

图 3-16　一号上水箱 PID 控制系统流程图

④实时监控，流程图实时监控画面如图 3-17 所示。

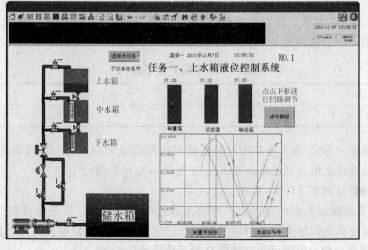

图 3-17　流程图实时监控画面

（2）设备的连接和检查：

①将 AE 2000 实训对象的储水箱灌满水（至最高高度）。

②打开以水泵、电动调节阀、电磁流量计组成的动力支路至上水箱的出水阀，关闭动力支路上通往其他对象的切换阀门。

③打开上水箱的出水阀至适当开度。

（3）实施步骤：

①启动动力支路电源。

②启动 DCS 上位机组态软件，进入主画面，然后进入实训四画面。

③在上位机软件界面单击调出 PID 窗体，用鼠标按下自动按钮，在"设定值"栏中输入设定的上水箱液位。

④比例调节控制：

●设定给定值，调整 P 参数。

●待系统稳定后，对系统加扰动信号（在纯比例的基础上加扰动，一般可通过改变设定值实现）。记录曲线在经过几次波动稳定下来后，系统有稳态误差，并记录余差大小。

●减小 P 重复上一步，观察过渡过程曲线，并记录余差大小。

●增大 P 重复上一步，观察过渡过程曲线，并记录余差大小。

●选择合适的 P，可以得到较满意的过渡过程曲线。改变设定值（如设定值由 50% 变为 60%），同样可以得到一条过渡过程曲线。

●注意：每当做完一次试验后，必须待系统稳定后再做另一次试验。

⑤比例积分调节器（PI）控制：

●在比例调节实训的基础上，加入积分作用，即在界面上设置 I 参数不为 0，观察被控制量是否能回到设定值，以验证 PI 控制下，系统对阶跃扰动无余差存在。

●固定比例 P 值，改变 PI 调节器的积分时间常数值 T_i，然后观察加阶跃扰动后被调量的输出波形，并记录不同 T_i 值时的超调量 σ_p，具体数据填入表 3 – 11。

表 3 – 11　不同 T_i 时的超调量 σ_p

积分时间常数 T_i	大	中	小
超调量 σ_p			

●固定 I 于某一中间值，然后改变 P 的大小，观察加扰动后被调量输出的动态波形，据此列表记录不同值 P 下的超调量 σ_p，具体数据填入表 3 – 12。

表 3 – 12　不同 P 值下的 σ_p

比例（P）	大	中	小
超调量（σ_p）			

●选择合适的 P 和 T_i 值，使系统对阶跃输入扰动的输出响应为一条较满意的过程曲线。此曲线可通过改变设定值（如设定值由 50% 变为 60%）来获得。

⑥比例积分微分调节（PID）控制：

●在 PI 调节器控制实训的基础上，再引入适量的微分作用，即把软件界面上设置 D 参数，然后加上与前面实训幅值完全相等的扰动，记录系统被控制量响应的动态曲线，并与⑤ PI 控制下的曲线相比较，由此可看到微分 D 对系统性能的影响。

● 选择合适的 P、T_i 和 T_d，使系统的输出响应为一条较满意的过渡过程曲线（阶跃输入可由给定值从 50% 突变至 60% 来实现）。

● 在历史曲线中选择一条较满意的过渡过程曲线进行记录。

4. 实训报告要求

（1）作出 P 调节器控制时，不同 P 值下的阶跃响应曲线。

（2）作出 PI 调节器控制时，不同 P 和 T_i 值时的阶跃响应曲线。

（3）画出 PID 控制时的阶跃响应曲线，并分析微分（D）的作用。

（4）比较 P、PI 和 PID 这 3 种调节器对系统无差度和动态性能的影响。

专业能力训练 2　串接双容下水箱液位 PID 控制

1. 课前预习

二阶水箱液位控制的特性原理、自控原理、过程控制中 PID 参数整定及参数调节设置的基本方法，组态软件的使用过程及知识链接内容。

2. 设备与器材

AE 2000 型过程控制实训装置、PC、DCS 控制系统与监控软件。

3. 能力训练

（1）设备的连接和检查：

①将 AE 2000 实训对象的储水箱灌满水（至最高高度）。

②打开以水泵、电动调节阀、电磁流量计组成的动力支路至下水箱的出水阀门，关闭动力支路上通往其他对象的切换阀门。

③打开下水箱的出水阀至适当开度。

④检查电源开关是否关闭。

（2）启动实训装置：

①启动电源和 DCS 上位机组态软件，进入主画面，然后进"串联双容水箱"画面。

②在上位机软件界面用单击调出 PID 窗体，用鼠标按下自动按钮，在"设定值"栏中输入设定的下水箱液位。

③在参数调整中反复调整 P、I、D 这 3 个参数，控制上水箱水位，同时兼顾快速性、稳定性、准确性。

④待系统的输出趋于平衡不变后，加入阶跃扰动信号（一般可通过改变设定值的大小或打开旁路来实现）

4. 实训报告要求

（1）画出双容水箱液位控制实训系统的结构图。

（2）画出 PID 控制时的阶跃响应曲线，并分析微分（D）对系统性能的影响。

专业能力训练 3　上、下水箱液位串级 PID 控制

1. 课前预习

串级控制系统原理、PID 参数整定方法、双容水箱系统的特性规律、组态软件的使用及知识链接内容。

2. 设备与器材

AE 2000 型过程控制实训装置、PC、DCS 控制系统与监控软件。

3. 能力训练

（1）上、下水箱液位串级控制系统 DCS 设计与组态

①控制站组态：在图 3-6 所示的控制站 SP243X 下进行相应的添加即可。

• 系统 I/O 组态如表 3-13 所示。

表 3-13 上、下水箱系统 I/O 点组态参数

信号类型	卡件型号	卡件类型	点数	卡件数目	位　号
模拟量输入	SP314	AI	2	1	upwater_ 1、dnwater_ 1
模拟量输出	SP322	AO	1	1	tiaojie_ 1

注：卡件、位号 upwater_ 1、tiaojie_ 1 在前面任务中已经设置，所以在这个任务中没有必要重新设置。

• 自定义变量：2 字节变量 number1，无符号整数。（此变量在前面任务中已设置，无须重新设置）

• 自定义回路：一号上、下水箱液位串级控制系统，双回路，回路 1 为下水箱，回路 2 为上水箱，并对回路 1、2 的参数进行设置。

• 自定义控制方案如图 3-18 所示。

上、下水箱液位串级控制系统

图 3-18 一号上水箱 PID 控制系统自定义控制方案

②操作小组组态：

• 总貌画面设置：新增 dnwater_ 1。

• 分组画面设置：新增 dnwater_ 1。

• 流程图画面设置：一号上水箱 PID 控制系统流程图如图 3-19 所示，其中注意输出值为上水箱回路的输出值。

• 趋势画面设置：upwater_ 1、dnwater_ 1。

• 报警设置：上、下水箱参数设置如表 3-14 所示。

表 3-14 上、下水箱参数设置

位　号	下限	低限	高限	上限
upwater_ 1（cm）	0	5	35	40
dnwater_ 1（cm）	0	5	22	25

③实时监控：画面略。

（2）设备的连接和检查

①将 AE 2000 实训对象的储水箱灌满水（至最高高度）。

②打开以水泵、电动调节阀、电磁流量计组成的动力支路至上水箱的出水阀门，关闭动力支路上通往其他对象的切换阀门。

③打开上水箱的出水阀，打开下水箱出水阀至适当开度。

（3）实施步骤：

①启动动力支路。

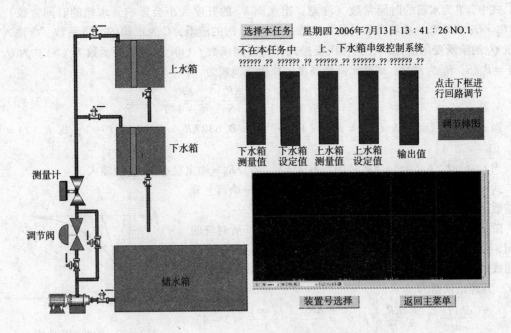

图 3-19 一号上、下水箱液位串级控制系统流程图

②启动 DCS 上位机组态软件, 进入主画面, 然后进入"上、下水箱串级控制系统"画面。

③双击"下水箱设定值"的"动态数据"按钮, 在弹出的对话框中单击""(串级控制)按钮, 并进入相应的下水箱位号调整画面中进行 PID 参数设置; 上水箱同理。反复调整 P、I、D 这 3 个参数, 控制下水箱水位, 同时兼顾快速性、稳定性、准确性。

4. 实训报告要求

分析串级控制和单回路 PID 控制的不同之处。

相关知识

一、一阶单容水箱液位控制系统

阶跃响应测试法是系统在开环运行条件下, 待系统稳定后, 通过调节器或其他操作器, 手动改变对象的输入信号(阶跃信号), 同时记录对象的输出数据或阶跃响应曲线。然后根据已给定对象模型的结构形式, 对实训数据进行处理, 确定模型中各参数。

图解法是确定模型参数的一种实用方法。不同的模型结构, 有不同的图解方法。单容水箱对象模型用一阶加时滞环节来近似描述时, 常用两点法直接求取对象参数。如图 3-1 所示, 设水箱的进水量为 Q_1, 出水量为 Q_2, 水箱的液面高度为 h, 出水阀 V_2 固定于某一开度值。根据物料动态平衡的关系, 求得

$$R_2 C \frac{\mathrm{d}\Delta h}{\mathrm{d}t} + \Delta h = R_2 \Delta Q_2 \qquad (3-1)$$

在零初始条件下, 对上式求拉氏变换, 得

$$G(S) = \frac{H(S)}{Q(S)} = \frac{R_2}{R_2 CS + 1} = \frac{K}{TS + 1} \qquad (3-2)$$

式中，T 为水箱的时间常数（注意：出水阀 V_2 的开度大小会影响到水箱的时间常数），$T = R_2 * C$；$K = R_2$ 为单容对象的放大倍数，也是 V_2 阀的液阻，C 为水箱的容量系数。令输入流量 Q_1 的阶跃变化量为 R_0，其拉氏变换式［将时间函数 $f(t)$ 变为复变函数 $F(S)$］为 $Q_1(S) = R_0/S$，R_0 为常量，则输出液位高度的拉氏变换式为

$$H(S) = \frac{KR_0}{S(TS+1)} = \frac{KR_0}{S} - \frac{KR_0}{S+1/T} \qquad (3-3)$$

当 $t = T$ 时，则有 $h(T) = KR_0(1 - e^{-1}) = 0.632KR_0 = 0.632h(\infty)$，即 $h(t) = KR_0(1 - e^{-t/T})$；

当 $t \to \infty$ 时，$h(\infty) = KR_0$，因而有 $K = h(\infty)/R_0 =$ 输出稳态值/阶跃输入。

式（3-3）表示一阶惯性环节的响应曲线是一单调上升的指数函数，如图 3-20 所示。

阶跃响应曲线后，该曲线上升到稳态值的 63% 所对应的时间，就是水箱的时间常数 T，T 也可以通过坐标原点对响应曲线做切线，切线与稳态值交点所对应的时间就是时间常数 T，其理论依据为

$$\left.\frac{\mathrm{d}h(t)}{\mathrm{d}t}\right|_{t=0} = \left.\frac{KR_0}{T}e^{-t}\right|_{t=0} = \frac{KR_0}{T} = \frac{h(\infty)}{T} \qquad (3-4)$$

式（3-4）表示 $h(t)$ 若以在原点时的速度 $h(\infty)/T$ 恒速变化，即只要花 T 秒时间就可达到稳态值 $h(\infty)$。

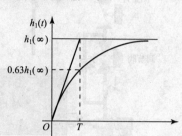

图 3-20　阶跃响应曲线

二、二阶双容下水箱液位控制系统

双容水箱是由两个一阶非周期惯性环节串联起来，输出量是下水箱的水位 h_2。当输入量有一个阶跃增加 ΔQ_1 时，输出量变化的反应曲线如图 3-21（c）所示的 Δh_2 曲线。

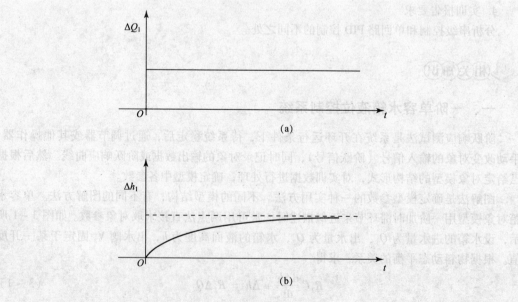

(a)

(b)

图　3-21

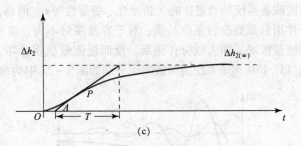

图 3 – 21　双容水箱输出量变化曲线（续）

如图 3 – 21 所示，它不再是简单的指数曲线，而是使调节对象的飞升特性在时间上更加落后一步。在图中 S 形曲线的拐点 P 上作切线，它在时间轴上截出一段时间 OA。这段时间可以近似地衡量由于多了一个容量而使飞升过程向后推迟的程度，因此，称容量滞后，通常以 τC 代表。设流量 Q_1 为双容水箱的输入量，下水箱的液位高度 h_2 为输出量，根据物料动态平衡关系，并考虑到液体传输过程中的时延，其传递函数为

$$\frac{H_2(S)}{Q(S)} = G(S) = \frac{K}{(T_1 S + 1)(T_2 S + 1)} e^{-\tau s} \tag{3 – 5}$$

式中 $K = R_3$，$T_1 = R_2 C_1$，$T_2 = R_3 C_2$，R_2、R_3 分别为阀 V2 和 V3 的液阻，C_1 和 C_2 分别为上水箱和下水箱的容量系数。式中的 K、T_1 和 T_2 须从由实训求得的阶跃响应曲线上求出。

具体的做法是在图 3 – 22 所示的阶跃响应曲线上取：

①$h_2(t)$ 稳态值的渐近线 $h_2(\infty)$；

②$h_2(t) \big|_{t=t_1} = 0.4 h_2(\infty)$ 时曲线上的点 A 和对应的时间 t_1；

③$h_2(t) \big|_{t=t_2} = 0.8 h_2(\infty)$ 时曲线上的点 B 和对应的时间 t_2。

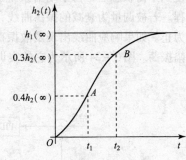

图 3 – 22　阶跃响应曲线

然后，利用下面的近似公式计算传递函数中的参数 K、T_1 和 T_2。其中：

$$K = \frac{h_1(\infty)}{R_0} = \frac{输入稳态值}{阶跃输入量} \tag{3 – 6}$$

$$T_1 + T_2 \approx \frac{t_1 + t_2}{2.16} \tag{3 – 7}$$

$$\frac{T_1 T_2}{T_1 + T_2} \approx \left(1.74 \frac{t_1}{t_2} - 0.55\right) \tag{3 – 8}$$

对于传递函数所示的二阶过程，$0.32 < t_1/t_2 < 0.46$。当 $t_1/t_2 = 0.32$ 时，可近似为一阶环节；当 $t_1/t_2 = 0.46$ 时，过程的传递函数 $G(S) = K/(TS+1)^2$（此时 $T_1 = T_2 = T = (t_1 + t_2)/2 \times 2.18$）。

三、单容水箱 PID 控制

一般言之，用比例（P）调节器的系统是一个有差系统，比例度（δ）的大小不仅会影响到余差的大小，而且也与系统的动态性能密切相关。比例积分（PI）调节器，由于积分的作用，不仅能实现系统无余差，而且只要参数 δ、T_i 调节合理，也能使系统具有良好的动态性能。比例积分微分（PID）调节器是在 PI 调节器的基础上再引入微分（D）的作用，从而使系

统既无余差存在，又能改善系统的动态性能（快速性、稳定性等）。但是，并不是所有单回路控制系统在加入微分作用后都能改善系统品质，对于容量滞后不大，微分作用的效果并不明显，而对噪声敏感的流量系统，加入微分作用后，反而使流量品质变坏。对于实训系统，在单位阶跃作用下，P、PI、PID 调节系统的阶跃响应分别如图 3 - 23 中的曲线①、②、③所示。

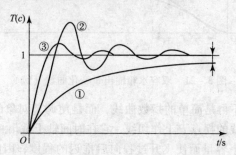

图 3 - 23　P、PI 和 PID 调节的阶跃响应曲线

在实现应用中，PID 调节器的参数常用下述实训的方法来确定。用临界比例度法去整定 PID 调节器的参数是既方便又实用的。具体做法如下：

（1）在只有比例调节作用下（将积分时间放到最大，微分时间放到最小），先把比例系数 K 放在较小值上，然后逐步增加调节器的比例系数，并且每当增加一次比例系数，待被调量回复到平衡状态后，再手动给系统施加一个 5% ~ 15% 的阶跃扰动，观察被调量变化的动态过程。若被调量为衰减的振荡曲线，则应继续增加比例系数，直到输出响应曲线呈现等幅振荡为止。如果响应曲线出现发散振荡，则表示比例系数调节得过大，应适当减少，使之出现等幅振荡。图 3 - 24 所示为它的实训框图。

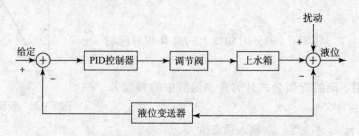

图 3 - 24　具有比例调节器的闭环系统的实训框图

（2）在图 3 - 25 中，当被调量作等幅振荡时，此时的比例系数 K 就是临界比例系数，用 K_m 表示之，此时的临界比例度为 δ_k，$\delta_k = 1/K_m$，相应的振荡周期就是临界周期 T_m。据此，按表 3 - 15 可确定 PID 调节器的 3 个参数 δ、T_i 和 T_d。

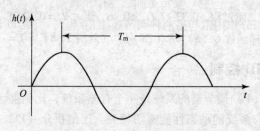

图 3 - 25　具有周期 T_m 的等幅振荡

表 3 – 15　用临界比例度 δ_k 整定 PID 调节器的参数

调节器名称	比例度 δ（$\delta = 1/k$）	积分时间 T_i/s	微分时间 T_d/s
P	$2\delta_k$		
PI	$2.2\delta_k$	$0.85T_m$	
PID	$1.7\delta_k$	$0.5T_m$	$0.13T_m$

（3）必须指出，表格中给出的参数值是对调节器参数的一个粗略设计，因为它是根据大量实训而得出的结论。若要得到更满意的动态过程（例如：在阶跃作用下，被调参量做4:1的衰减振荡），则要在表格给出参数的基础上，对 δ、T_i（或 T_d）做适当调整。

四、串接双容下水箱液位 PID 控制

（一）PID 基本知识

当今的自动控制技术都是基于反馈的概念。反馈理论的要素包括3部分：测量、比较和执行。测量关心的变量与期望值相比较，用这个误差纠正调节控制系统的响应。

这个理论和应用自动控制的关键是，做出正确的测量和比较后，如何才能更好地纠正系统。

PID（比例 – 积分 – 微分）控制器作为最早实用化的控制器已有50多年历史，现在仍然是应用最广泛的工业控制器。PID 控制器简单易懂，使用中不需精确的系统模型等先决条件，因而成为应用最为广泛的控制器。

PID 控制器由比例单元（P）、积分单元（I）和微分单元（D）组成。

（1）比例环节的微分方程为

$$y = K_p e(t) \tag{3 – 9}$$

式中：y 为输出；K_p 为比例系数；$e(t)$ 为输入偏差。

比例（P）调节作用：按比例反应系统的偏差，系统一旦出现了偏差，比例调节立即产生调节作用用以减少偏差。比例作用大，可以加快调节，减少误差，但是过大的比例，使系统的稳定性下降，甚至造成系统的不稳定。

（2）积分环节是指输出 $y(t)$ 与输入偏差 $e(t)$ 的积分成比例的作用，其作用是消除静差。积分方程为

$$y = \frac{1}{T_i} \int_0^t e(t)\,dt \tag{3 – 10}$$

积分（I）调节作用：使系统消除稳态误差，提高无差度。因为有误差，积分调节就进行，直至无差，积分调节停止，积分调节输出一常值。积分作用的强弱取决于积分时间常数 T_i，T_i 越小，积分作用就越强。反之 T_i 越大则积分作用越弱，加入积分调节可使系统稳定性下降，动态响应变慢。积分作用常与另两种调节规律相结合，组成 PI 调节器或 PID 调节器。

（3）微分环节微分方程为

$$y(t) = T_D \frac{de(t)}{dt} \tag{3 – 11}$$

微分（D）调节作用：微分作用反映系统偏差信号的变化率，具有预见性，能预见偏差变化的趋势，因此能产生超前的控制作用，在偏差还没有形成之前，已被微分调节作用消除。因此，可以改善系统的动态性能。在微分时间选择合适情况下，可以减少超调，减少调节时间。微分作用对噪声干扰有放大作用，因此过强的加微分调节，对系统抗干扰不利。此外，

微分反应的是变化率，而当输入没有变化时，微分作用输出为零。微分作用不能单独使用，需要与另外两种调节规律相结合，组成 PD 或 PID 控制器。PID 控制器的特点如下：

（1）应用范围广。虽然很多工业过程是非线性或时变的，但通过对其简化可以变成基本线性和动态特性不随时间变化的系统，这样 PID 就可控制了。

（2）PID 参数较易整定。PID 参数 K_p、K_i 和 K_d 可以根据过程的动态特性及时整定。如果过程的动态特性变化，例如可能由负载的变化引起系统动态特性变化，PID 参数就可以重新整定。

（3）PID 控制器在实践中也不断地得到改进。下面举两个改进的例子。

在工厂，总是能看到许多回路都处于手动状态，原因是很难让过程在"自动"模式下平稳工作。由于这些不足，采用 PID 的工业控制系统总是受产品质量、安全、产量和能源浪费等问题的困扰。PID 参数自整定就是为了处理 PID 参数整定这个问题而产生的。现在，自动整定或自身整定的 PID 控制器已是商业单回路控制器和分散控制系统的一个标准。

在一些情况下针对特定的系统设计的 PID 控制器控制得很好，但仍存在一些问题需要解决：

如果自整定要以模型为基础，为了 PID 参数的重新整定在线寻找和保持好过程模型是较难的。闭环工作时，要求在过程中插入一个测试信号。这个方法会引起扰动，所以基于模型的 PID 参数自整定在工业应用不是太好。

如果自整定是基于控制律的，经常难以把由负载干扰引起的影响和过程动态特性变化引起的影响区分开，因此受到干扰影响的控制器会产生超调，产生一个不必要的自适应转换。另外，由于基于控制律的系统没有成熟的稳定性分析方法，参数整定可靠与否存在很多问题。

因此，许多自身整定参数的 PID 控制器经常工作在自动整定模式而不是连续的自身整定模式。自动整定通常是指根据开环状态确定的简单过程模型自动计算 PID 参数。

但仍不可否认 PID 也有其固有的缺点：PID 在控制非线性、时变、耦合及参数和结构不确定的复杂过程时，工作得不是太好。最重要的是，如果 PID 控制器不能控制复杂过程，无论怎么调参数都没用。虽然有这些缺点，PID 控制器是最简单的有时却是最好的控制器。

（二）参数的设定与调整

这是 PID 最困难的部分，编程时只设定他们的大概数值，然后通过反复调试才能找到相对比较理想的参数值。面向不同的控制对象参数都不同，所以无法提供参考数值，但是可以根据这些参数在整个 PID 过程中的作用原理，来讨论我们的对策。

（1）加温很迅速就达到目标值，但是温度过冲很大：

①比例系数太大，致使在未达到设定温度前加温比例过高。

②微分系数小，致使对象反应不敏感。

（2）加温经常达不到目标值，小于目标值的时间较多：

①比例系数过小，加温比例不够。

②积分系数过小，对恒偏差补偿不足。

（3）基本上能够在控制目标上，但上下偏差偏大，经常波动：

①微分系数过小，对及时变化反应不够快，反映措施不力。

②积分系数过大，使微分反应被淹没钝化。

（4）受工作环境影响较大，在稍有变动时就会引起温度的波动：

①微分系数过小，对及时变化反应不够快，不能及时反映。

②设定的基本定时周期过长，不能及时得到修正。

选择一个合适的时间常数很重要，要根据输出单位采用什么器件来确定，如果采用的是晶闸管，则设定时间常数的范围就很自由，如果采用继电器，则过于频繁地开关会影响继电器的使用寿命，所以不太适合采用较短周期。一般的周期设定范围为 1～10 min 比较合适。

PID 控制器参数的整定步骤如下：

（1）首先预选择一个足够短的采样周期让系统工作。

（2）仅加入比例控制环节，直到系统对输入的阶跃响应出现临界振荡，记下比例放大系数和临界振荡周期。

（3）在一定的控制度下通过公式计算得到 PID 控制器的参数。

（4）在实际调试中，只能先大致设定一个经验值，然后根据调节效果修改：

①对于温度系统：P（%）20～60，I（分）3～10，D（分）0.5～3

②对于流量系统：P（%）40～100，I（分）0.1～1

③对于压力系统：P（%）30～70，I（分）0.4～3

④对于液位系统：P（%）20～80，I（分）1～5

口　　诀

参数整定找最佳，从小到大顺序查；

先是比例后积分，最后再把微分加；

曲线振荡很频繁，比例度盘要放大；

曲线漂浮绕大弯，比例度盘往小扳；

曲线偏离回复慢，积分时间往下降；

曲线波动周期长，积分时间再加长；

曲线振荡频率快，先把微分降下来；

动差大来波动慢，微分时间应加长；

理想曲线两个波，前高后低 4 比 1；

一看二调多分析，调节质量不会低。

五、上、下水箱液位串级 PID 控制

（一）串级控制系统

串级控制系统是由其结构上的特征而得名的，它是由主、副两个控制器串接工作的。主控制器的输出作为副控制器的给定值，副控制器的输出去操纵控制阀，以实现对变量的定值控制。

（二）串级控制系统的主要特点

（1）在系统结构上，它是由两个串接工作的控制器构成的双闭环控制系统。

（2）系统的目的在于通过设置副变量来提高对主变量的控制质量。

（3）由于副回路的存在，对进入副回路的干扰有超前控制的作用，因而减少了干扰对主变量的影响。

（4）系统对负荷改变时有一定的自适应能力。

串级控制系统主要应用于：对象的滞后和时间常数很大、干扰作用强而频繁、负荷变化大、对控制质量要求较高的场合。

（三）串级控制系统中主、副变量选择

主变量的选择原则与简单控制系统中被控变量的选择原则是一样的。

副变量的选择原则：

（1）主、副变量间应有一定的内在联系，副变量的变化应在很大程度上能影响主变量的变化。

（2）通过对副变量的选择，使所构成的副回路能包含系统的主要干扰。

（3）在可能的情况下，应使副回路包含更多的主要干扰，但副变量又不能离主变量太近。

（4）副变量的选择应考虑到主、副对象时间常数的匹配，以防"共振"的发生。

（四）串级系统的抗干扰能力

串级系统由于增加了副回路，对于进入副环内的干扰具有很强的抑制作用，因此作用于副环的干扰对主被控量的影响就比较小。系统的主回路是定值控制，而副回环是一个随动控制。在设计串级控制系统时，要求系统副对象的时间常数要远小于主对象。此外，为了指示系统的控制精度，一般主调节器设计成 PI 或 PID 调节器，而副调节器一般设计为比例 P 控制，以提高副回路的快速响应。在搭实训线路时，要注意到两个调节器的极性（目的是保证主、副回路都是负反馈控制）。

（五）串级控制系统的优点

串级控制系统由于副回路的存在，改善了对象的特性，使等效对象的时间常数减小，系统的工作频率提高，改善了系统的动态性能，使系统的响应加快，控制及时。同时，由于串级系统具有主副两只控制器，总放大倍数增大，系统的抗干扰能力增强。因此，它的控制质量要比单回路控制系统高。

（六）串级控制系统的投运和整定

串级控制系统的投运和整定有一步整定法，也有两步整定法，即先整定副回路，后整定主回路。

任务评价

参考附录 A 中的表 A-6~表 A-8。

任务 2　电加热热水锅炉的温度控制系统

自动控制系统是大型加热机组不可缺少的重要组成部分，其性能和可靠性已成为保证锅炉生产安全性和经济性的重要因素。在锅炉生产加热过程中，整个汽水通道中温度最高的是过热蒸汽温度，过热蒸汽温度过高或过低，都将给安全经济运行带来不利影响，因此，必须严格控制过热器出口蒸汽温度，使它不超出规定的范围。气温调节对象是一个多容环节，它的纯迟延时间和时间常数都比较大，干扰因素多，对象模型不确定，在热工自动调节系统中属于可控性最差的一个调节系统。目前热工过程控制中，传统的控制方法如 PID 控制等得到了广泛应用，这种方法在系统负荷稳定时能够取得很好的控制效果，而在系统负荷有较大波动时，则难以稳定及时地对系统进行控制。随着智能控制理论的深入研究，智能控制为火电厂热工过程自动控制提供了新的方法。

任务目标

（1）了解并掌握锅炉温度控制的几种控制方式，能够运用所学的自动控制原理对被控对象加以控制。

（2）掌握过程控制系统中的温度检测、流量检测的原理及应用。

（3）掌握控制系统软件安装、系统组态、编程、通信、在线调试。

（4）掌握使用 DCS 控制系统正确操作锅炉对象并进行温度测试。

（5）熟练掌握对简单的温度系统进行 DCS 设计、组态、监控，并能够根据由实际测得的液位曲线，分析系统特性。

（6）熟悉 P、PI 和 PID 调节器对系统性能的控制作用，并进行简单的 PID 调节器设计。

 任务布置

专业能力训练一　锅炉内胆温度二位式控制系统

任务内容：锅炉作为过程控制中最普遍的生产设备，其内在的温度变化存在滞后现象，如何能够更好地对其进行控制，关系到企业的生产效率。本任务熟悉系统工作工艺流程，了解二位式温度控制系统的组成，掌握二位式控制系统的工作原理、控制过程和控制特性，运用 DCS 的控制方式，以锅炉内胆温度作为控制对象，模拟实际的生产操作环境进行系统控制演示。图 3 - 26 所示为二位式控制系统的框图。

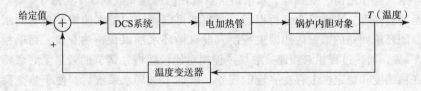

图 3 - 26　二位式控制系统的框图

在图 3 - 26 中，温度给定值在智能仪表上通过设定获得。被控对象为锅炉内胆，被控制量为内胆水温。它由铂电阻 PT100 测定，输入到智能调节仪上。根据给定值加上（回差值）（dF）与测量的温度相比较向继电器线圈发出控制信号，从而达到控制水箱温度的目的。

根据任务实施步骤，完成以下任务要求：

（1）用 SCKey 系统组态软件设计二位式温度控制系统。

（2）画出不同 dF 时的系统被控制量的过渡过程曲线，记录相应的振荡周期和振荡幅度大小。

（3）画出加冷却水时被控量的过程曲线，并比较振荡周期和振荡幅度大小。

（4）综合分析位式控制特点。

专业能力训练二　锅炉内胆水温 PID 控制系统

任务内容：根据"锅炉内胆温度二位式控制系统"的学习，学生可以通过一定的方法对锅炉温度进行控制，但控制运行效果一般。本任务操作对象仍然是锅炉内胆的温度，但控制方法改用工业控制中最常用的一种方法，即 PID 控制。通过了解不同单回路温度控制系统的组成与工作原理，研究 P、PI、PD 和 PID 这 4 种调节器分别对温度系统的控制作用，改变 P、PI、PD 和 PID 的相关参数，观察它们对系统性能的影响，了解 PID 参数自整定的方法及参数整定在整个系统中的重要性。本系统所要保持的恒定参数是锅炉内胆温度给定值，即控制的任务是控制锅炉内胆温度等于给定值。根据图 3 - 27 所示温度控制系统原理图，采用 DCS 控制系统。

根据任务实施步骤，完成以下任务要求：

（1）用临界比例度法整定 3 种调节器的参数，并分别作出系统在这 3 种调节器控制下的阶跃响应曲线。

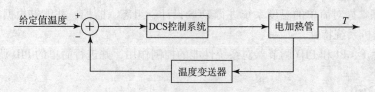

图 3 – 27　温度控制系统原理图

（2）作出比例调节器控制时，不同比例系数值时的阶跃响应曲线，得到的结论是什么？

（3）分析 PI 调节器控制时，不同 P 和 I 值对系统性能的影响？

（4）绘制用 PID 调节器控制时系统的动态波形。

专业能力训练三　锅炉夹套水温 PID 控制系统

任务内容：闭环单回路的锅炉夹套温度控制系统的结构框图如图 3 – 28 所示，锅炉夹套为动态循环水。操作之前，变频器、水泵供水系统在通过阀 8 或阀 5（见图 3 – 47）将锅炉夹套的水装至适当高度。实训投入运行以后，变频器再以固定的频率使锅炉夹套的水处于循环状态。静态闭环单回路的锅炉内胆温度控制，没有循环水加以快速热交换，而单相电加热管功率为 1.5 kW，加热过程相对快速，散热过程相对比较缓慢，调节的效果受对象特性和环境的限制，在精度和稳定性上存在一定的误差。增加了循环水系统后，便于热交换及加速了散热能力，相比于静态温度控制实训，在控制的精度性，快速性上有了很大的提高。本系统所要保持的恒定参数是锅炉内胆温度给定值，即控制的任务是控制锅炉内胆温度等于给定值，采用工业智能 PID 调节。

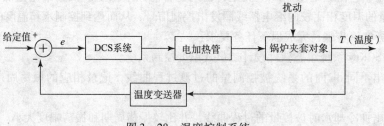

图 3 – 28　温度控制系统

根据任务实施步骤，完成以下任务要求：

（1）用临界比例度法整定 3 种调节器的参数，并分别作出系统在这 3 种调节器控制下的阶跃响应曲线。

（2）作出比例调节器控制时，不同 δ 值时的阶跃响应曲线，得到的结论是什么？

（3）分析 PI 调节器控制时，不同 P 和 I 值对系统性能的影响？

（4）绘制用 PID 调节器控制时系统的动态波形。

（5）分析动态的温度单回路控制和静态的温度单回路控制不同之处。

专业能力训练四　锅炉内胆和夹套温度串级控制系统

任务内容：本任务要熟悉串级控制系统的结构与控制特点、系统的投运与参数整定方法，研究阶跃扰动分别作用在副对象和主对象时对系统主被控量的影响。温度串级控制系统如图 3 – 29 所示。这种系统具有两个调节器、两个闭合回路和两个执行对象。两个调节器分别设置在主、副回路中，设在主回路的调节器称主调节器，设在副回路的调节器称为副调节器。

两个调节器串联连接，主调节器的输出作为副回路的给定量，主、副调节器的输出分别去控制两个执行元件。主对象的输出为系统的被控制量锅炉夹套温度，副对象的输出是一个辅助控制变量。

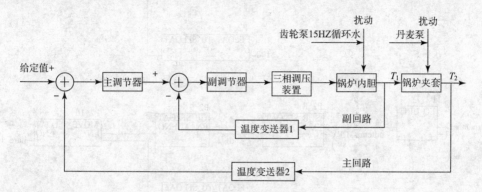

图 3 – 29　温度串级控制系统

根据任务实施步骤，完成以下任务要求：

（1）扰动作用于主、副对象，观察对主变量（被控制量）的影响。

（2）观察并分析副调节器（K_P）的大小对系统动态性能的影响。

（3）观察并分析主调节器（K_P）与 T_i 对系统动态性能的影响。

任务实施

专业能力训练一　锅炉内胆温度二位式控制系统

1. 课前预习

工业过程控制系统的温度控制、锅炉控制的工艺流程、二位式控制原理、组态软件应用及知识链接内容。

2. 设备与器材

AE 2000 型过程控制装置、上位机软件、计算机、PC、DCS 控制系统、DCS 监控软件。

3. 能力训练

（1）锅炉内胆温度二位式控制系统 DCS 设计与组态。

①控制站组态：在之前任务中设置的控制站下进行相应的添加即可。

● 系统 I/O 组态如表 3 – 16 所示。

表 3 – 16　锅炉内胆系统 I/O 点

信号类型	卡件型号	卡件类型	点数	卡件数目	位　　号
模拟量输入	SP314	AI	1	1	ndtemp_ 1、jttemp_ 1
模拟量输出	SP322	AO	1	1	jiare_ 1

● 自定义变量：2 字节变量 number1，无符号整数；2 字节变量 sv_ 1，半浮点；2 字节变量 df_ 1，半浮点。

● 自定义控制方案如图 3 – 30 所示。

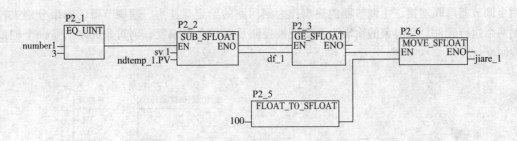

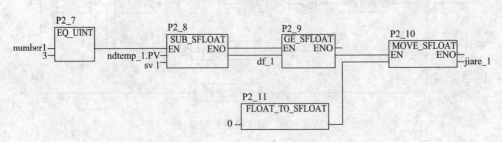

图 3 – 30   一号温度二位式控制系统自定义控制方案

②操作小组组态：

● 总貌画面设置：新增 ndtemp_ 1。

● 分组画面设置：新增 ndtemp_ 1。

● 流程图画面设置：一号上水箱 PID 控制系统流程图如图 3 – 31 所示，其中注意设定值为 sv_ 1，回差值为 df_ 1。

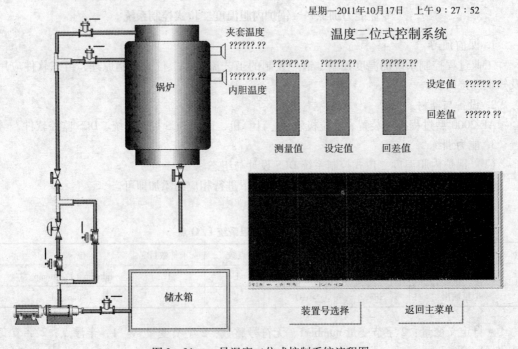

图 3 – 31   一号温度二位式控制系统流程图

● 趋势画面设置：ndtemp_ 1、jttemp_ 1。

● 报警设置：ndtemp_ 1、jttemp_ 1 上限均为 100℃。

③实时监控：画面略。

（2）设备的连接和检查：

①开通以水泵、电动调节阀、电磁流量计以及锅炉内胆进水阀所组成的水路系统，关闭通往其他对象的切换阀。

②将锅炉内胆的出水阀关闭。

③检查电源开关是否关闭。

（3）实施步骤：

①启动电源，进入 DCS 运行软件，进入相应的"温度二位式控制系统"实训页面。在上位机调节好各项参数以及设定值和回差（dF）的值。

②系统运行后，组态软件自动记录控制过程曲线。待稳定振荡 2~3 个周期后，观察位式控制过程曲线的振荡周期和振幅大小，数据填入表 3 – 17，记录曲线。

表 3 – 17　二位式控制过程数据记录

S/s														
T/℃														

③适量改变给定值的大小，重复步骤②。

④把动力水路切换到锅炉夹套，启动实训装置的供水系统，给锅炉的外夹套加流动冷却水，重复上述步骤。

4. 注意事项

（1）实训前，锅炉内胆的水位必须高于热电阻的测温点。

（2）锅炉内胆水温给定值必须要大于常温。

（3）实训线路全部接好后，必须经指导老师检查认可后，方可通电源开始实训。

（4）在老师指导下将计算机接入系统，利用计算机显示屏作记录仪使用，保存每次实训记录的数据和曲线。

5. 实训报告

（1）画出不同 dF 时的系统被控制量的过渡过程曲线，记录相应的振荡周期和振荡幅度大小。

（2）画出加冷却水时被控量的过程曲线，并比较振荡周期和振荡幅度大小。

（3）综合分析二位式控制特点。

专业能力训练二　锅炉内胆水温 PID 控制系统

1. 课前预习

锅炉温度控制的工艺流程、PID 参数整定方法、组态软件的应用操作及知识链接内容。

2. 设备与器材

AE 2000 型过程控制装置、上位机软件、计算机、PC、DCS 控制系统、DCS 监控软件。

3. 能力训练

（1）开通以水泵、电动调节阀、电磁流量计以及锅炉内胆进水阀所组成的水路系统，关闭通往其他对象的切换阀。

（2）将锅炉内胆的出水阀关闭。

（3）检查电源开关是否关闭。

（4）开启相关仪器和计算机软件，进入相应的系统。

（5）单击上位机界面上的"点击以下框体调出 PID 参数"按钮，设定好给定值，并根据实训情况反复调整 P、I、D 三个参数，直到获得满意的测量值。

（6）比例调节（P）控制。待基本不再变化时，加入阶跃扰动（可通过改变调节器的设定值来实现）。观察并记录在当前比例 P 时的余差和超调量。每当改变值 P 后，再加同样大小的阶跃信号，比较不同 P 时的 e_{ss} 和 σ_p，并把数据填入表 3 – 18 中。

表 3 – 18　不同比例 P 时的余差和超调量

P	大	中	小
e_{ss}			
σ_p			

记录实训过程各项数据绘成过渡过程曲线。（数据可在软件上获得）

（7）比例积分调节（PI）控制：

①在比例调节器控制实训的基础上，待被调量平稳后，加入积分（I）作用，观察被控制量能否回到原设定值的位置，以验证系统在 PI 调节器控制下没有余差。

②固定比例 P 值，然后改变积分时间常数 T_i 值，观察加入扰动后被调量的动态曲线，并记录不同 T_i 值时的超调量 σ_p，并把数据填入表 3 – 19 中。

表 3 – 19　不同 T_i 值时的超调量 σ_p

积分时间常数（T_i）	大	中	小
超调量（σ_p）			

③固定 I 于某一中间值，然后改变比例 P 的大小，观察加扰动后被调量的动态曲线，并记下相应的超调量 σ_p，并把数据填入表 3 – 20 中。

表 3 – 20　不同 P 值时的超调量 σ_p

比例（P）	大	中	小
超调量（σ_p）			

④选择合适的 P 和 I 值，使系统瞬态响应曲线为一条令人满意的曲线。此曲线可通过改变设定值（如把设定值由 50% 增加到 60%）来实现。

（8）比例微分调节器（PD）控制。在比例调节器控制实训的基础上，待被调量平稳后，引入微分作用（D）。固定比例 P 值，改变微分时间常数 D 的大小，观察系统在阶跃输入作用下相应的动态响应曲线，并把数据填入表 3 – 21 中。

表 3 – 21　不同 D 时的超调量和余差

D	大	中	小
e_{ss}			
σ_p			

（9）比例积分微分（PID）调节器控制：

①在比例调节器控制实训的基础上，待被调量平稳后，引入积分（I）作用，使被调量回

复到原设定值。减小 P，并同时增大 I，观察加扰动信号后的被调量的动态曲线，验证在 PI 调节器作用下，系统的余差为零。

②在 PI 控制的基础上加上适量的微分作用"D"，然后再对系统加扰动（扰动幅值与前面的实训相同），比较所得的动态曲线与用 PI 控制时的不同处。

③选择合适的 P、I 和 D，以获得一条较满意的动态曲线。

4. 实训报告要求

（1）用临界比例度法整定 3 种调节器的参数，并分别作出系统在这 3 种调节器控制下的阶跃响应曲线。

（2）作出比例调节器控制时，不同 P 值时的阶跃响应曲线，得到的结论是什么？

（3）分析 PI 调节器控制时，不同 P 和 I 值对系统性能的影响。

（4）绘制用 PD 调节器控制时系统的动态波形。

（5）绘制用 PID 调节器控制时系统的动态波形。

专业能力训练三 锅炉夹套水温 PID 控制

1. 课前预习

锅炉温度控制的工艺流程，PID 参数整定方法，组态软件的应用操作及知识链接内容。

2. 设备与器材

AE 2000 型过程控制装置、上位机软件、计算机、PC、DCS 控制系统、DCS 监控软件。

3. 能力训练

（1）启动装置：

①启动动力支路电源。

②启动 DCS 上位机组态软件，进入主画面，然后进入相应任务。

③在上位机软件界面单击调出 PID 窗体，按下自动按钮，在"设定值"栏中输入设定的夹套控制温度。

④在参数调整中反复调整 P、I、D 这 3 个参数，控制夹套温度，同时兼顾快速性、稳定性、准确性。

⑤待系统的输出趋于平衡不变后，加入阶跃扰动信号。（一般可通过改变设定值的大小来实现）

（2）实施过程。比例调节：

①启动水泵往锅炉内胆进水，直至锅炉内胆有水溢流出。如有需要，可将变频器支路打开，给锅炉夹套以循环冷却水。

②运行 DCS 组态软件，进入相应的任务，观察实时或历史曲线。待基本不再变化时，加入阶跃扰动。通过改变设定值来实现。观察并记录在当前比例 P 时的余差和超调量。每当改变值 P 后，再加同样大小的阶跃信号，比较不同 P 时的 e_{ss} 和 σ_p，并把数据填入表 3-22 中。

表 3-22   不同比例 P 时的余差和超调量

P	大	中	小
e_{ss}			
σ_p			

记录实训过程各项数据绘成过渡过程曲线。（数据可在软件上获得）

比例积分（PI）调节器控制：

①在比例调节器控制实训的基础上，待被调量平稳后，加入积分（I）作用，观察被控制量能否回到原设定值的位置，以验证系统在 PI 调节器控制下没有余差。

②固定比例 P 值（中等大小），然后改变积分时间常数 T_i 值，观察加入扰动后被调量的动态曲线，并记录不同 T_i 值的超调量 σ_p，并把数据填入表 3 – 23 中。

表 3 – 23　不同 T_i 值时的超调量 σ_p

积分时间常数（T_i）	大	中	小
超调量（σ_p）			

③固定 I 于某一中间值，然后改变比例 P 的大小，观察加扰动后被调量的动态曲线，并记下相应的超调量 σ_p，并把数据填入表 3 – 24 中。

表 3 – 24　不同 P 值时的超调量 σ_p

比例（P）	大	中	小
超调量（σ_p）			

比例微分调节器（PD）控制：

在比例调节器控制实训的基础上，待被调量平稳后，引入微分作用"D"。固定比例 P 值，改变微分时间常数 D 的大小，观察系统在阶跃输入作用下相应的动态响应曲线，并把数据填入表 3 – 25 中。

表 3 – 25　不同 D 时的超调量和余差

D	大	中	小
e_{ss}			
σ_p			

比例积分微分（PID）调节器控制：

①在比例调节器控制实训的基础上，待被调量平稳后，引入积分（I）作用，使被调量回复到原设定值。减小 P，并同时增大 I，观察加扰动信号后的被调量的动态曲线，验证在 PI 调节器作用下，系统的余差为零。

②在 PI 控制的基础上加上适量的微分作用"D"，然后再对系统加扰动（扰动幅值与前面的实训相同），比较所得的动态曲线与用 PI 控制时的不同处。

4. 实训报告要求

（1）作出比例调节器控制时，不同 P 值时的阶跃响应曲线得到的结论是什么？

（2）分析 PI 调节器控制时，不同 P 和 I 值对系统性能的影响。

（3）绘制用 PD 调节器控制时系统的动态波形。

（4）绘制用 PID 调节器控制时系统的动态波形。

（5）分析动态的温度单回路控制和静态的温度单回路控制的不同之处。

专业能力训练四　锅炉内胆和夹套温度串级控制系统

1. 课前预习

工业过程控制系统的锅炉温度控制及串级控制系统、自控原理中 PID 调节参数、组态软件应用及知识链接内容。

2. 设备与器材

AE 2000 型过程控制装置、上位机软件、计算机、PC、DCS 控制系统、DCS 监控软件。

3. 能力训练

（1）设备的连接和检查：

①打开以水泵、变频器、涡轮流量计以及锅炉内胆、夹套进水阀所组成的水路系统，关闭通往其他对象的切换阀。

②先把锅炉内胆和夹套的水装至适当高度。

③将锅炉内胆的进水阀至适当开度。

④将锅炉内胆的出水阀关闭。

⑤将锅炉内胆的溢流口出水阀全开。

⑥检查电源开关是否关闭。

（2）正确设置 PID 调节器：

①副调节器：比例积分（PI）控制，反作用，自动，K_{C2}（副回路的开环增益）较大。

②主调节器：比例积分（PI）控制，反作用，自动，$K_{C1} < K_{C2}$（其中 K_{C1} 为主回路开环增益）。

③待系统稳定后，类同于单回路控制系统那样，对系统加扰动信号，扰动的大小与单回路时相同。

④通过反复对副调节器和主调节器参数的调节，使系统具有较满意的动态响应和较高的控制精度。

4. 实训报告要求

（1）画出详细的实训框图。

（2）扰动作用于主、副对象，观察对主变量（被控制量）的影响。

（3）观察并分析副调节器 K_P 的大小对系统动态性能的影响。

（4）观察并分析主调节器的 K_P 与 T_i 对系统动态性能的影响。

 相关知识

一、温度传感器

温度测量通常采用热电阻元件（感温元件）。它是利用金属导体的电阻值随温度变化而变化的特性来进行温度测量的。其电阻值与温度关系式如下：

$$R_t = R_{t_0} \left[1 + \alpha \left(t - t_0 \right) \right] \qquad (3-12)$$

式中　R_t——温度为 t（如室温 20℃）时的电阻值；

　　　R_{t_0}——温度为 t_0（通常为 0℃）时的电阻值；

　　　α——电阻的温度系数。

可见，由于温度的变化，导致了金属导体电阻的变化。这样只要设法测出电阻值的变化，就可达到温度测量的目的。

虽然大多数金属导体的电阻值随温度的变化而变化，但是它们并不能都作为测温用的热电阻。作为热电阻的材料一般要求是：电阻温度系数小、电阻率要大、热容量要小；在整个测温范围内，应具有稳定的物理、化学性质和良好的重复性；并要求电阻值随温度的变化呈线性关系。

但是，要完全符合上述要求的热电阻材料实际上是有困难的。根据具体情况，目前应用

最广泛的热电阻材料是铂和铜。本装置使用的是铂电阻元件 Pt100，并通过温度变送器（测量电桥或分压采样电路或者人工智能工业调节器）将电阻值的变化转换为电压信号。

铂电阻元件是采用特殊的工艺和材料制成，具有很高的稳定性和耐振动等特点，还具有较强的抗氧化能力。

在 0 ~ 650℃ 的温度范围内，铂电阻与温度的关系为：

$$R_t = R_{t0}(1 + A_t + B_{t2} + C_{t3}) \qquad (3-13)$$

式中　　R_t——温度为 t（如室温 20℃）时的电阻值；

　　　　R_{t0}——温度为 t_0（通常为 0℃）时的电阻值；

A、B、C——常数，一般 $A = 3.90802 \times 10^{-3}/℃$，$B = -5.802 \times 10^{-7}/℃$；$C = -4.2735 \times 10^{-12}/℃$。

$R_t - t$ 的关系称为分度表。不同的测温元件用分度号来区别，如 Pt 100、Cu 50 等。

二、二位式温度控制系统

二位控制是位式控制规律中最简单的一种。本系统的被控对象是 1.5 kW 电加热管，被控制量是复合小加温箱中内套水箱的水温 T，智能调节仪内置继电器线圈控制的常开触点开关控制电加热管的通断，图 3 - 32 所示为二位式调节器的工作特性图，图 3 - 33 所示为二位式控制系统的框图。

由图 3 - 32 可见，在一定的范围内不仅有死区存在，而且还有回环。因而图 3 - 33 所示的系统实质上是一个典型的非线性控制系统。执行器只有"开"或"关"两种极限输出状态，故称这种控制器为两位调节器。

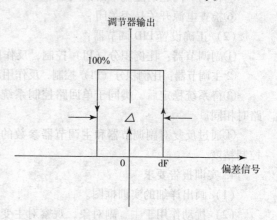

图 3 - 32　位式调节器的特性图

该系统的工作原理是当被控制的水温测量值 $V_P = T$ 小于给定值 V_S 时，即测量值＜给定值，且当 $e = V_S - V_P \geq dF$ 时，调节器的继电器线圈接通，常开触点变成常闭，电加热管接通 220 V 电源而加热。随着水温 T 的升高，V_p 也不断增大，e 相应变小。若 T 高于给定值，即 $V_p > V_s$，e 为负值，若 $e \leq -dF$ 时，则两位调节器的继电器线圈断开，常开触点复位断开，切断电加热管的供电。由于这种控制方式具有冲击性，易损坏元器件，只是在对控制质量要求不高的系统才使用。

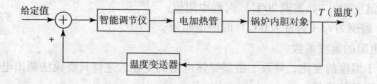

图 3 - 33　二位式控制系统的框图

如图 3 - 33 二位式控制系统的框图所示，温度给定值在智能仪表上通过设定获得。被控对象为锅炉内胆，被控制量为内胆水温。它由铂电阻 Pt 100 测定，输入到智能调节仪上。根据给定值加上 dF 与测量的温度相比较向继电器线圈发出控制信号，从而达到控制水箱温度的目的。

由过程控制原理可知，二位控制系统的输出是一个断续控制作用下的等幅振荡过程，如图 3-34 所示。因此，不能用连续控制作用下的衰减振荡过程的温度品质指标来衡量，而用振幅和周期作为品质指标。一般要求振幅小，周期长，然而对同一双位控制系统来说，若要振幅小，则周期必然短；若要周期长，则振幅必然大。因此，通过合理选择中间区以使振幅在限定范围内，而又尽可能获得较长的周期。

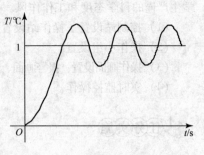

图 3-34 二位控系统的过程曲线

任务评价

参考附录中的表 A-6～表 A-8。

任务 3　水箱与电加热炉集散控制系统

生活当中常见的电热水器就是水箱与电加热炉的一个典型的应用实例。如果不考虑成本等因素，就可以在某一学校的所有教学楼、宿舍楼的各个楼层都安装一个电热水器，并且采用集散控制系统进行监控、运行。

任务目标

(1) 掌握水箱与电加热炉的工艺流程和控制原理。
(2) 掌握液位、压力、流量、温度等常见工程变量的检测方法。
(3) 掌握过程控制系统中的仪表信号、电气信号的实际原理及应用。
(4) 掌握控制系统软件安装、系统组态、编程、通信、在线调试。
(5) 掌握系统的维护和调试方法，并能运用其组态简单的 DCS 应用系统。
(6) 熟练进行控制站、操作站的组态，能够结合工艺熟练制作流程图并设置动态参数。
(7) 能够实现系统实时监控和各种画面的切换。

任务布置

专业能力训练一　水箱与电加热炉控制系统 DCS 硬件组态

任务内容：本任务是综合前面两个任务，将水箱液位控制和电加热炉温度控制系统综合在一起实现多对象、多变量的控制，掌握 AE 2000 实训装置 DCS 控制站和操作站的硬件配置，熟悉被控对象的构成、工艺情况和控制要求等前提下，完成以下任务要求：

(1) JX-300X 操作站的配置。
(2) JX-300X DCS 卡件、传感器配置。

专业能力训练二　水箱与电加热炉控制系统 DCS 软件组态

任务内容：本任务是要求学生通过一个简易的水箱与电加热炉的集散控制系统的设计，掌握集散控制系统的设计步骤和方法，使学生对 DCS 组态有进一步的认识和理解，同时培养

学生严谨的科学态度和工作作风。具体完成以下任务要求：

（1）控制站设置、操作站设置。

（2）操作小组设置。

（3）操作画面设置：报警画面、总貌画面、控制分组、趋势画面、流程图、报表、数据一览等。

（4）实时监控操作。

 **任务实施**

专业能力训练一　水箱与电加热炉控制系统 DCS 硬件组态

1. 课前预习

JX - 300X DOS 常用卡件、AE 2000 过程控制装置、温度传感器、液位传感器、流量传感器及相关知识内容。

2. 设备与器材

（1）JX - 300X 集散控制系统装置。

（2）数字万用表及信号连接线等。

3. 能力训练

（1）了解操作站的配置，并将观察结果填于表 3 - 26 中。

表 3 - 26　操作站配置情况列表

名　　称	容　　量（型号）
CPU	
内存	
硬盘	
软驱	
光驱	
图形加速器	
声卡	
显示器	
标准键盘	
操作员键盘	
音箱	

（2）熟练掌握 JX - 300X DCS 卡件命名原则，将实训室控制站内的所有类型卡件列在表 3 - 27 中，尤其应当注意哪些卡件是冗余配置的。

表 3 - 27　控制站卡件列表

卡件型号	卡件名称	卡件数量	冗余	输入/输出点数（每块）
例：SP243X	主控制卡	1	√	
合　　计				

（3）了解被控对象的工艺情况，确定测点位号以及传感器名称、型号、规格、用途及控制要求等，并填写传感器汇总表3-28、被控对象测点列表3-29和控制方案列表3-30。

表3-28　现场传感器汇总表

序号	图位号	型号	规格	名　　称	用　　途
例：	FE-1	LDG-10S	0~300 L/h	电磁流量传感器	测进水流量

表3-29　被控对象测点列表

类型	序号	测点/位号	传感器规格	卡　件
模入量	1	例：进水流量变送、转换 FIT-1	4~20 mA DC	
	2			SP314
	3			
	4			
模出量	1			
	2			
	3			
	4			
开入量	1			
	2			
开出量	1			
	2			
...				
合计				

表3-30　控制方案列表

序号	被控变量	控制方案	输入信号及位号	输出信号及位号	备　注
例：	进水流量	单回路控制	进水流量 FIT-1	进水流量控制阀 M1	

（4）对照实物，观察和认识 JX-300X DCS 通信系统的构成，理解 SCnet Ⅱ 通信系统、SBUS 的性能和特性。

（5）总结并列出 JX-300X DCS 控制站主控制卡 SP243 和操作站网卡的 IP 地址设置范围，填入表3-31 中。

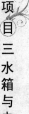

表 3 – 31　主控卡和数据转发卡 IP 地址列表

名　称	IP 地址		备　注
	网络号	主机号	
主控制卡			
操作站			

（6）检查主控卡、数据转发卡的硬件跳线和冗余跳线是否符合规定，注意应与其 IP 地址设置绝对一致。

4. 注意事项

（1）在进行控制站卡件登录时，要特别注意哪些卡件是互为冗余的，相应的卡件冗余跳线设置是否正确，因为这一点关系到整个集散控制系统通信系统是否能正常工作。

（2）在设置硬件跳线地址和冗余跳线时，要按照操作规程，小心谨慎、防止静电、准确无误。

专业能力训练二　水箱与电加热炉控制系统 DCS 软件组态

1. 工艺设计要求

（1）工艺要求测点清单，具体如表 3 – 32 所示。

表 3 – 32　水箱与电加热控制系统 I/O 点

序号	位号	描　述	I/O	类型	量程/ON 描述	单位/OFF 描述	报警
1	LI101	上水箱液位	AI	1～5 V	0.00～50.00	cm	H：90% L：10%
2	LI102	中水箱液位	AI	1～5 V	0.00～50.00	cm	H：90% L：10%
3	LI103	下水箱液位	AI	1～5 V	0.00～50.00	cm	H：90% L：10%
4	TI101	内胆温度信号 1（锅壁）	AI	1～5 V	0.00～100.00	℃	H：90% L：10%
5	TI102	夹套温度信号	AI	1～5 V	0.00～100.00	℃	H：90% L：10%
6	TI103	换热热水出口温度	AI	1～5 V	0.00～100.00	℃	H：90% L：10%
7	TI104	换热冷水出口温度	AI	1～5 V	0.00～100.00	℃	H：90% L：10%
8	TI105	换热热水进口温度	AI	1～5 V	0.00～100.00	℃	H：90% L：10%
9	TI107	内胆温度信号 2（锅盖）	RTD	Pt 100	0.00～100.00	℃	H：90% L：10%
10	FI101	孔板流量信号	AI	1～5 V	0.00～20.00	L/h	H：90% L：10%

序号	位号	描　　述	I/O	类型	量程/ON 描述	单位/OFF 描述	报警
11	FI102	涡轮流量信号	AI	1 ~ 5 V	0.00 ~ 20.00	L/h	H：90% L：10%
12	FV101	调节阀控制信号	AO	Ⅲ型；正输出			H：90% L：10%
13	FV102	变频器控制信号	AO	Ⅲ型；正输出			H：90% L：10%
14	FV103	加热控制信号	AO	Ⅲ型；正输出			H：90% L：10%

（2）工艺控制方案要求：

①复杂控制系统框图如图 3 – 35 所示。

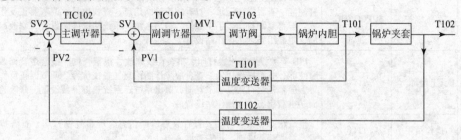

图 3 – 35　复杂控制系统框图

②简单控制系统方框图如图 3 – 36 所示。

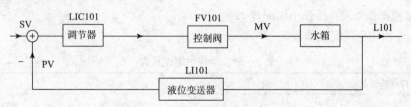

图 3 – 36　简单控制系统方框图

控制方案列表如表 3 – 33 所示。

表 3 – 33　控制方案列表

序号	控制方案注释、回路注释		回路位号	控制方案	PV	MV
00	单容上水箱液位控制		LR101	单回路	LI101	FV101
01	中、下水箱 串级控制	中水箱液位控制	LR102	串级内环	LI102	FV101
		下水箱液位控制	LR103	串级外环	LI103	
02	锅炉夹套 温度控制	锅炉内胆温度控制	TR102	串级内环	TI102	FV103
		锅炉夹套温度控制	TR101	串级外环	TI101	
03	主回路进水流量控制		FR101	单回路	FI102	FV101
04	副回路进水流量控制		FR102	单回路	FI101	FV102

2. DCS 系统设计要求

（1）DCS 系统规模配置如表 3 – 34 所示。

表3-34　DCS系统规模配置

类型	数量	IP地址	备注
控制站	1	02	主控卡和数据转发卡均冗余配置 主控卡注释：SC1控制站 数据站发卡注释：SC1数据转发卡
工程师站	1	130	注释：工程师站130
操作站	2	131、132	注释：操作员站131、操作员站132

（2）用户授权设置如表3-35所示。

表3-35　用户授权设置表

权限	用户名	用户密码	相应权限
特权	系统维护	SUPCONDCS	PID参数设置、报表打印、报表在线修改、报警查询、报警声音修改、报警使能、查看操作记录、查看故障诊断信息、查找位号、调节器正反作用设置、屏幕复制打印、手工置值、退出系统、系统热键屏蔽设置、修改趋势画面、重载组态、主操作站设置
工程师	工程师	1111	PID参数设置、报表打印、报表在线修改、报警查询、报警声音修改、报警使能、查看操作记录、查看故障诊断信息、查找位号、调节器正反作用设置、屏幕复制打印、手工置值、退出系统、系统热键屏蔽设置、修改趋势画面、重载组态、主操作站设置
操作员	操作员甲	1111	重载组态、报表打印、查看故障诊断信息、屏幕复制打印、查看操作记录、修改趋势画面、报警查询
操作员	操作员乙	1111	重载组态、报表打印、查看故障诊断信息、屏幕复制打印、查看操作记录、修改趋势画面、报警查询

（3）监控操作要求：操作小组配置如下。

①操作小组3个，配置如表3-36所示。

表3-36　操作小组设置表

操作小组名称	切换等级
操作员甲	操作员
操作员乙	操作员
工程师	工程师

②数据分组、分区设置如表3-37所示。

表3-37　数据分组、分区设置

数据分组	数据分区	位号
工程师	温度	TI101 TI102 TI103 TI104 TI105 TI107
	流量	FI101 FI102
	液位	LI101 LI102 LI103
操作员甲		
操作员乙		

操作画面设置：

①当工程师进行监控时，可浏览总貌画面设置如表3-38所示。

表 3 - 38　总貌画面设置

页码	页标题	内容
1	索引画面	索引：工程师小组所有流程图、所有分组画面、所有趋势画面、所有一览画面
2	液位参数	所有液位 I/O 数据实时状态
3	温度参数	所有温度 I/O 数据实时状态
4	流量参数	所有流量 I/O 数据实时状态

②可浏览分组画面设置如表 3 - 39 所示。

表 3 - 39　分组画面设置

页码	页标题	内容
1	常规回路	单容水箱液位、锅炉内胆温度、锅炉夹套温度控制
2	温度	所有温度 I/O 数据实时状态
3	液位	所有液位 I/O 数据实时状态
4	流量	所有流量 I/O 数据实时状态

③可浏览一览画面设置如表 3 - 40 所示。

表 3 - 40　一览画面设置

页码	页标题	内容
1	水槽与加热炉装置数据	工程师小组所有温度、液位、流量 I/O 数据实时状态画面

④可浏览趋势画面设置如表 3 - 41 所示。

表 3 - 41　趋势画面设置

页码	页标题	内容
1	液位	液位实时/历史趋势
2	温度	温度实时/历史趋势
3	流量	流量实时/历史趋势

可浏览流程图画面设置如表 3 - 42 所示。

表 3 - 42　流程图画面设置

页码	页标题及文件名称	内容
1	水槽与加热炉装置工艺流程	绘制如图 3 - 44 的流程画面

报表制作：

要求：每半小时记录，记录数据为 TI2510、TI2511、TI2512、TI2513；一天三班，8 小时一班，换班时间为 0 点、8 点、16 点，8 小时一班。每天 0 点、8 点、16 点自动打印报表。报表中的数据记录到其真实值后面两位小数，时间格式为××：××：××（时：分：秒）。

报表样板：报表名称及页标题均为班报表，如表 3 - 43 所示。

表 3 - 43　报表设置列表

水槽与加热炉装置（精馏装置）班报表									
_____班_____组　组长_____　记录员_____　_____年_____月_____日									
时间		####	####	####	####	####	####	####	####
内容	描述	数据							
FI201	####								
FI202	####								
FI203	####								
…									

注："####"表示数据自动生成。

3. DCS 系统实时监控操作

（1）报警一览画面如图 3 - 37 所示。

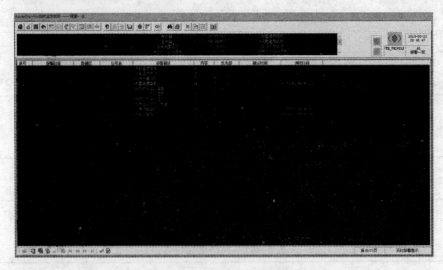

图 3 - 37　报警一览画面

（2）系统总貌画面如图 3 - 38 所示。

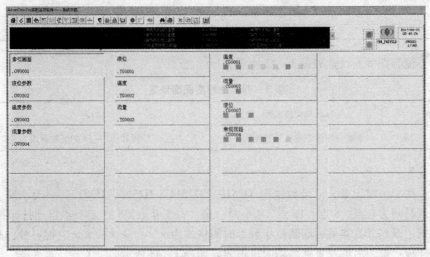

图 3 - 38　系统总貌画面

（3）控制分组画面如图 3 – 39 所示。

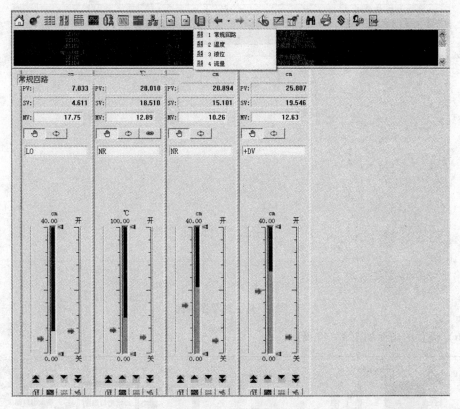

图 3 – 39　控制分组画面

（4）调整画面如图 3 – 40 所示。

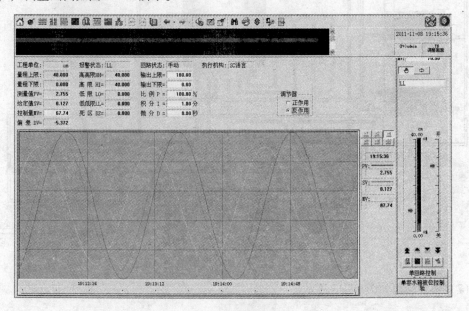

图 3 – 40　调整画面

（5）趋势图画面如图 3 - 41 所示。

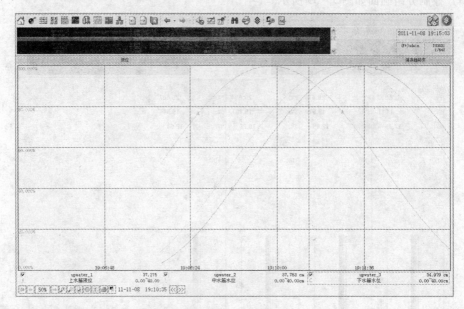

图 3 - 41　趋势图画面

（6）流程图画面如图 3 - 42 所示。

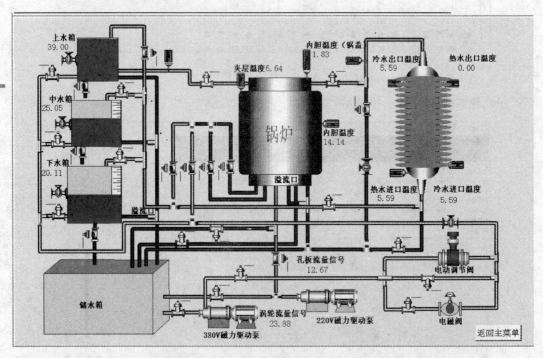

图 3 - 42　流程图画面

（7）报表画面如图 3 - 43 所示。

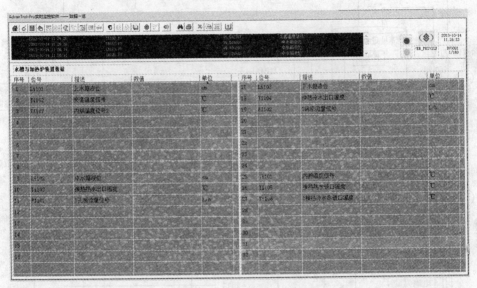

图 3 - 43　报表画面

（8）数据一览画面如图 3 - 44 所示。

图 3 - 44　数据一览画面

相关知识

一、AE 2000 过程控制系统

（一）AE 2000 型系统主要特点

（1）被调参数囊括了流量、压力、液位、温度四大热工参数。

（2）执行器中既有电动调节阀（或气动调节阀）、单相 SCR 移相调压等仪表类执行机构，又有变频器等电力拖动类执行器。

（3）调节系统除了有调节器的设定值阶跃扰动外，还有在对象中通过另一动力支路或手操作阀制造各种扰动。

（4）锅炉温控系统包含了一个防干烧装置，以防操作不当引起严重后果。

（5）系统中的两个独立的控制回路可以通过不同的执行器、工艺线路组成不同的控制方案。

（6）一个被调参数可在不同动力源、不同的执行器、不同的工艺线路下可演变成多种调节回路，以利于讨论、比较各种调节方案的优劣。

（7）各种控制算法和调节规律在开放的组态实训软件平台上都可以实现。

（二）AE 2000 型过控装置组成结构

过程控制对象系统包含有：不锈钢储水箱、强制对流换热管系统、串接圆筒有机玻璃上水箱、中水箱、下水箱、单相 2.5 kW 电加热锅炉（由不锈钢锅炉内胆加温筒和封闭式外循环不锈钢冷却锅炉夹套组成）。系统动力支路由两路组成：一路由循环水泵、电动调节阀、电磁流量计、自锁紧不锈钢水管及手动切换阀组成；另一路由小流量水泵、变频调速器、涡轮流量计、自锁紧不锈钢水管及手动切换阀组成。系统中的检测变送和执行元件有：压力变送器、温度传感器、温度变送器、涡轮流量计、电磁流量计、压力表、电动调节阀等。系统对象结构图如图 3-45 所示。

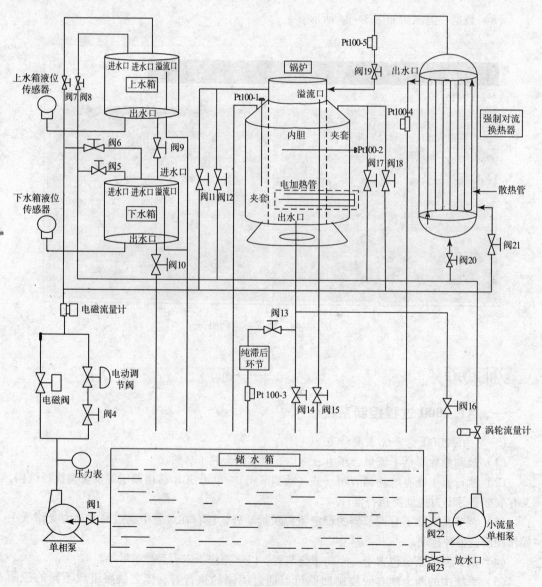

图 3-45　AE 2000 过控装置流程图

AE 2000 过控装置的检测及执行装置包括：

（1）检测装置：扩散硅压力变送器。分别用来检测上水箱、下水箱液位的压力；电磁流量计、涡轮流量计分别用来检测单相格兰富水泵支路流量和变频器动力支路流量；Pt 100 热电阻温度传感器分别用来检测锅炉内胆、锅炉夹套和强制对流换热器冷水出口、热水出口。

（2）执行装置：单相可控硅移相调压装置用来调节单相电加热管的工作电压；电动调节阀调节管道出水量；变频器调节小流量泵的工作电压。

1. 压力变送器

工作原理：当被测介质（液体）的压力作用于传感器时，压力变送器将压力信号转换成电信号，经归一化差分放大和输 V/A 电压、电流转换器，转换成与被测介质（液体）的液位压力成线性对应关系的 4 ~ 20 mA 标准电流输出信号。接线如图 3 – 46（a）所示。

接线说明：传感器为二线制接法，它的端子位于中继箱内，电缆线从中继箱的引线口接入，直流电源 24V + 接中继箱内正端（+），中继箱内负端（–）接负载电阻的一端，负载电阻的另一端接 24V –。传感器输出 4 ~ 20 mA 电流信号，通过负载电阻 250 Ω 转换成 1 ~ 5 V 电压信号。

零点和量程调整：零点和量程调整电位器位于中继箱内的另一侧。校正时打开中继箱盖，即可进行调整，左边的（Z）为调零电位器，右边的（R）为调增益电位器。

2. 温度传感器：Pt 100 热电阻

工作原理：利用 Pt 电阻阻值与温度之间的良好线性关系。

接线说明：连接两端元件热电阻采用的是三线制接法，以减少测量误差。在多数测量中，热电阻远离测量电桥，因此与热电阻相连接的导线长，当环境温度变化时，连接导线的电阻值将有明显的变化。为了消除由于这种变化而产生的测量误差，采用三线制接法。即在两端元件的一端引出一条导线，另一端引出两条导线，这 3 条导线的材料、长度和粗细都相同，如图 3 – 46（b）中的 a、b、c 所示。它们与仪表输入电桥相连接时，导线 a 和 c 分别加在电桥相邻的两个桥臂上，导线 b 在桥路的输出电路上，因此，a 和 c 阻值的变化对电桥平衡的影响正好抵消，b 阻值的变化量对仪表输入阻抗影响可忽略不计。

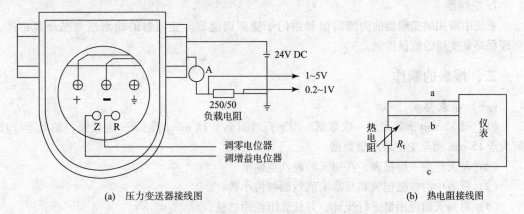

　　(a)　压力变送器接线图　　　　　　　　　　　　　　　(b)　热电阻接线图

图 3 – 46　压力变送器接线图和热电阻接线图

3. 流量计（涡轮流量计、电磁流量计）

（1）涡轮流量计：输出信号—频率，测量范围 0 ~ 1.2 m³/h，接线如图 3 – 47（a）所示。

（2）电磁流量计：输出信号 4 ~ 20 mA，测量范围 0 ~ 1.2 m³/h。

接线说明：电磁流量计输入端采用的是 220 V 的交流电，输出的是 4 ~ 20 mA 的电流信号。

4. 压力表

安装位置：单相泵之后，电动调节阀之前，测量范围 0 ~ 0.25 MPa，如图 3 – 47（b）所示。

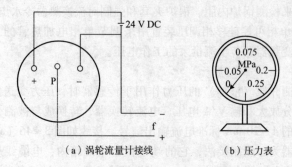

（a）涡轮流量计接线　　　　　（b）压力表

图 3 – 47　涡轮流量计接线和压力表

5. 电动调节阀

主要技术参数：

（1）类型：智能型直行程执行机构。

（2）输入信号：0 ~ 10V DC/2 ~ 10V DC。

（3）输入阻抗：250 Ω/500 Ω。

（4）输出信号：4 ~ 20 mA DC。

（5）输出最大负载：< 500 Ω。

（6）信号断电时的阀位：可任意设置为保持/全开/全关/0 ~ 100% 间的任意值。

（7）电源：220 V ± 10% /50 Hz。

6. 单相晶闸管移相调压

通过 4 ~ 20 mA 电流控制信号控制单相 380 V 交流电源在 0 ~ 380 V 之间根据控制电流的大小实现连续变化。

7. 变频器

系统中所用的变频器的为施耐德和西门子变频调速器。变频器的输出端与循环泵相连，实现循环泵支路的流量控制。

二、报表的制作

（一）报表要求

（1）每 15 min 采集记录一次数据。当运行时间小于 15 min 时记录一组数据，如果运行时间大于 15 min 则至少记录两组数据。

（2）每天产生一份报表，在每天的晚八点输出。

（3）报表中的数据记录到其真实值后面两位小数。

（4）对每天的耗用量进行统计，并核算出耗用总量。

（二）准备工作

在此报表中要显示的变量的位号有：

LI101　　　　　　上水箱液位

LI102　　　　　　中水箱液位

LI103　　　　　　下水箱液位

TI101	内胆温度信号 1（锅壁）
TI102	夹套温度信号
TI103	换热热水出口温度
TI104	换热冷水出口温度
TI105	换热热水进口温度
TI107	内胆温度信号 2（锅盖）
FI101	孔板流量信号
FI102	涡轮流量信号

根据上面统计的结果，在 SCKey 中进行位号组态（组态方法前面已经介绍，这里不重复，假设已经组态完成）。

（三）创建、编辑

1. 新建报表

在选定的操作小组中新建报表，如图 3-48 所示。

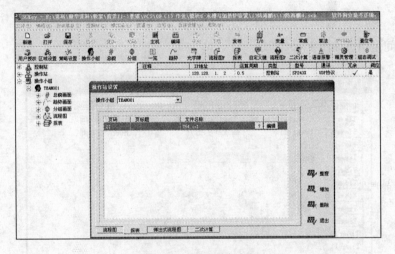

图 3-48　报表编辑界面

2. 报表编辑

在事件组态、时间组态和位号引用中，若要输入相应信息，则必须在输入后按【Enter】键确认方能输入，报表编辑成功输出画面如图 3-49 所示。

报表名称：报表 ▼	生成时间：2011-11-09 10:12:38 ▼			打印输出		保存		
	A	B	C	D	E	F	G	H	I	J
1			水槽与加热炉装置（精馏装置）班报表							
2			09自动化1班_3组 记录员李晓聪 2011年10月19日							
3	时间		10:12:19	10:12:20	10:12:21	10:12:22	10:12:23	10:12:24		
4	内容	描述				数据				
5	LI101	上水箱	22.09	22.33	22.59	22.83	23.09	23.33		
6	LI102	中水箱	17.10	17.35	17.60	17.85	13.23	18.35		
7	LI103	下水箱	12.29	12.53	12.76	13.00	13.23	13.47		
8	TI101	内胆温度	19.92	20.43	20.95	21.46	21.97	22.49		
9	TI102	夹套温度	10.98	11.37	11.77	12.18	12.60	13.01		
10	TI103	换热热	4.46	4.71	4.98	5.27	5.54	5.83		
11	TI104	换热冷	0.75	0.87	1.00	1.12	1.26	1.41		
12	TI105	换热热	0.12	0.07	0.04	0.02	0.00	0.00		
13	TI107	内胆温.	2.58	2.39	2.19	2.19	1.85	1.68		
14	FI101	孔板流.	7.98	7.66	7.32	7.00	6.69	6.37		
15	FI102	涡轮流.	16.01	15.55	15.11	14.65	14.21	13.77		

图 3-49　报表编辑成功输出界面

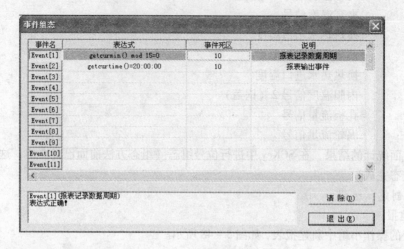

（1）事件组态如图 3 – 50 所示。

图 3 – 50　"事件组态"界面

（2）时间量组态如图 3 – 51 所示。

图 3 – 51　"时间量组态"界面

（3）位号量组态如图 3 – 52 所示。

（4）制作报表格式（类似 Excel 表格制作，略）。

（5）位号填充如图 3 – 53 所示。

选定 C3 到 J3 的区域，右击，在弹出的任务列表中选择"填充"命令。

（6）时间填充如图 3 – 54 所示。

3. 输出组态

输出组态的界面如图 3 – 55 所示。

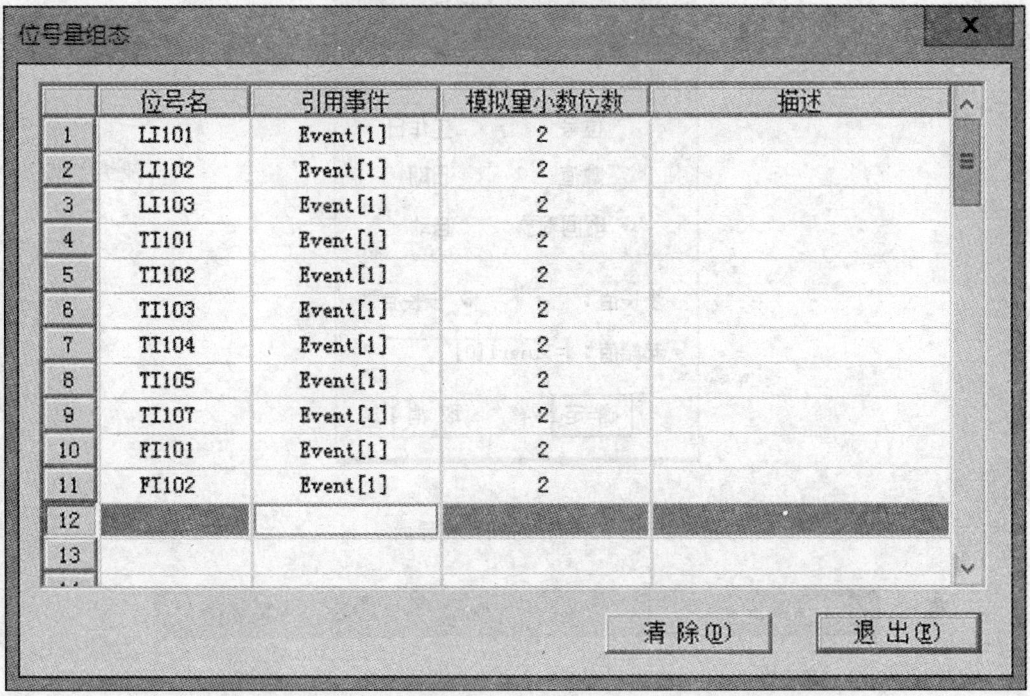
位号量组态
位号名
引用事件
模拟量小数位数
描述
1 LI101 Event[1] 2
2 LI102 Event[1] 2
3 LI103 Event[1] 2
4 TI101 Event[1] 2
5 TI102 Event[1] 2
6 TI103 Event[1] 2
7 TI104 Event[1] 2
8 TI105 Event[1] 2
9 TI107 Event[1] 2
10 FI101 Event[1] 2
11 FI102 Event[1] 2
12
13
清 除(D)
退 出(E)

图 3－52 “位号量组态”界面

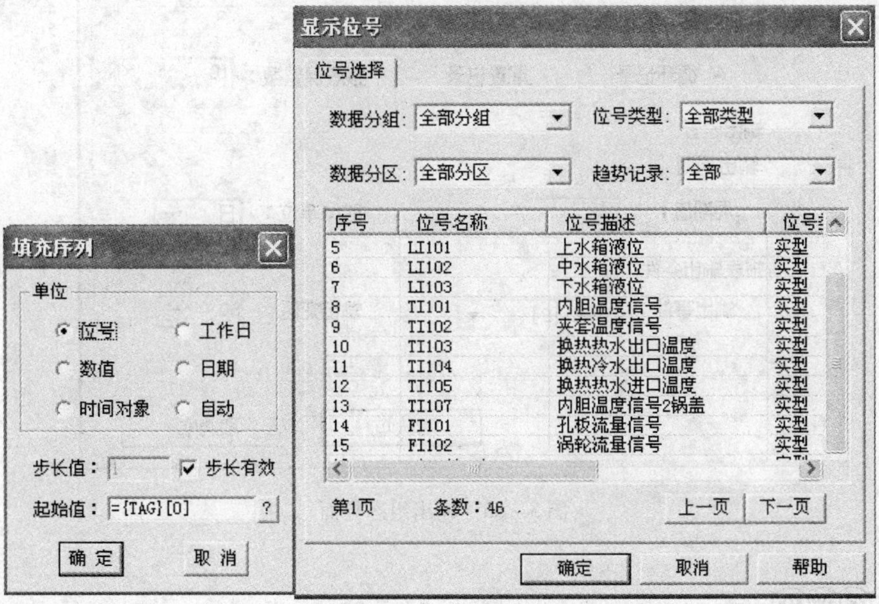
填充序列
单位
位号
工作日
数值
日期
时间对象
自动
步长值：
步长有效
起始值：
={TAG}[0]
确 定
取 消
显示位号
位号选择
数据分组：
全部分组
位号类型：
全部类型
数据分区：
全部分区
趋势记录：
全部
序号
位号名称
位号描述
5 LI101 上水箱液位 实型
6 LI102 中水箱液位 实型
7 LI103 下水箱液位 实型
8 TI101 内胆温度信号 实型
9 TI102 夹套温度信号 实型
10 TI103 换热热水出口温度 实型
11 TI104 换热冷水出口温度 实型
12 TI105 换热热水进口温度 实型
13 TI107 内胆温度信号2锅盖 实型
14 FI101 孔板流量信号 实型
15 FI102 涡轮流量信号 实型
第1页
条数：46
上一页
下一页
确定
取消
帮助

图 3－53 位号填充界面

图 3 - 54　时间填充界面

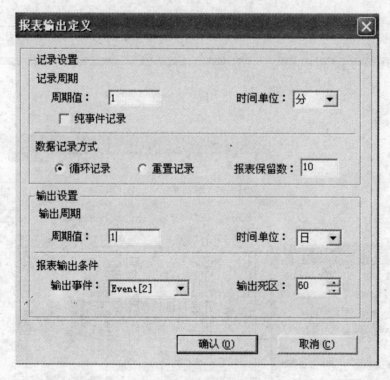

图 3 - 55　输出组态界面

 任务评价

参考附录 A 中的表 A - 6、表 A - 8。

项目四

汽包锅炉集散控制系统

任务1　钢铁厂循环流化床锅炉控制系统 DCS 设计与组态

循环流化床锅炉是一种用化石燃料来产生蒸汽的一种装置，是近年来国际上发展起来的新一代清洁燃烧技术，其主要特点在于燃料及脱硫剂经多次循环，反复地进行低温燃烧和脱硫反应，炉内湍流运动强烈，不但能达到低排放、90% 的脱硫效率和与煤粉炉相似的燃烧效率，而且具有燃料适应性广、负荷调节性能好、灰渣易于综合利用等优点。循环流化床锅炉的炉膛运行在一种特殊的流体动力学特性下，燃料在流化状态下燃烧。它有污染低、燃烧效率高等优点。

循环流化床锅炉具有煤种适应性广、燃烧效率高、低温清洁燃烧的特点，以其强大的生命力被广泛应用于工业、生活、电站等各个行业。循环流化床锅炉装置的控制系统可采用浙大中控 WebField JX – 300X DCS 的控制系统。此系统融合了最先进的自动化技术、计算机技术、通信技术、故障诊断技术、冗余技术和软件技术，结合化工仪表自动化的一些复杂的控制系统，克服了参数实时性、准确性。现场通信互连设备多等困难，实现对循环流化床锅炉的集中操作管理；现场数据的实时采集和信息化管理；大大地提高了此装置的生产能力，减轻了劳动强度，节省了劳动时间。应用浙大中控 JX – 300X DCS 控制系统，保证了整个装置的实时检测、操作简便、安全生产。

任务目标

（1）了解汽包锅炉工艺流程及控制要求。
（2）掌握汽包锅炉集散控制系统的设计方法与设计步骤。
（3）进一步提高使用 JX – 300X 组态软件的各项技能。

任务布置

锅炉是钢铁厂重要的动力设备，其任务是供给合格稳定的蒸汽，以满足负荷的需要。为此，锅炉生产过程的各个主要参数都必须严格控制。锅炉设备是一个复杂的控制对象，主要输入变量是负荷、锅炉给水、燃料量、减温水、送风和引风量。主要输出变量包括汽包水位、过热蒸汽温度及压力、烟气氧量和炉膛负压等。因此，锅炉是一个多输入、多输出且相互关联的复杂控制对象。

本工程中涉及蒸汽锅炉为 35 t/h 循环流化床，锅炉主要为塔式结构，锅炉参数：3.82 MPa/450℃，锅炉采用一级喷水减温。

1. 常规控制回路

具体要求如表4-1所示。

表4-1 常规控制回路

回路号	类型	位号	注释	输入变量	输出变量
0	单回路	FIC106_1	1#给煤机调速	FI 106	Z107
1	单回路	FIC106_2	2#给煤机调速	FI 106	Z108

2. 复杂控制

整个锅炉部分包括：汽包水位的控制、主汽温度的控制。

（1）汽包水位的控制：被调参数为汽包水位，调节参数为主给水和二次给水流量。

汽包水位高度是确保安全生产和提供优质蒸汽的重要参数。采用串级一前馈控制，把主汽流量作为前馈信号，实现扰动的快速补偿，减轻"假水位"对扰动的不良影响。水位信号经常波动，要加以滤波，并通过计算进行水位的压力补偿。

汽包水位控制中由于允许水位在很大范围内变化，为取得好的控制效果，采用三冲量控制。首先通过内环将给水扰动削弱，稳定流量，然后通过流量调节汽包液位。

给水采用主阀和旁路阀的方式，旁路阀主要用于小流量的时候，大流量时调节大阀，通过 FI102 OUT 来切换；另外，通过 TC_CH 实现操作方式的切换：ON 对应三冲量控制方式；OFF 对应单回路操作，结构如图4-1所示。

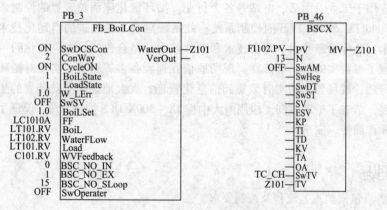

图4-1 汽包水位三冲量控制结构图

备注：SwDCSCon 为硬手操和 DCS 控制（OFF 时）的选择；ConWay 选择 2 对应为三冲量控制，所以 BoiLState、CycleON、LoadState 及 W_LErr 均没有意义；SwSV 为 OFF 时，为内给定，外给定值 BoiLSet 无意义；FF 为前馈系数，此处采用主汽流量作为前馈参数，BoiL 为汽包液位；WaterFlow 为主给水流量；同时采用主汽流量为前馈冲量；BSC_NO_IN、BSC_NO_EX、BSC_NO_SLoop 依次为内环序号、外环序号、单回路控制回路的位号；SwOperater 为 OFF 时，内环为自动，外环不变；TC_CH 为 ON 时，上一模块执行，分操模块跟踪阀位反馈值，为 OFF 时，上一模块不执行，分操模块执行及通过 TC_CH 的切换实现三冲量和单回路操作的切换。

（2）主汽温度控制系统：主汽温度自动调节的任务是维持过热器出口汽温在允许范围内，

以确保机组运行的安全性和经济性。

造成过热蒸汽温度变化扰动因素归纳起来有 3 种：第一是蒸汽流量（负荷）的变化；第二是减温水流量的变动；第三是烟气方面的热量变化。鉴于目前锅炉设计中考虑到使系统结构简单，易于实现，大多采用减温水量作为扰动量，改变水量来控制主汽温度。使用引入中间点参数的双回路系统-串级来提高调节品质。中间点参数是炉膛出口烟气温度，能比较快地反映引起过热器蒸汽热焓变化的扰动。主汽温度控制结构如图 4-2 所示。

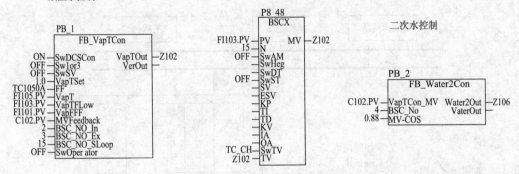

图 4-2　主汽温度控制结构图

备注：SwDCSCon 为硬手操和 DCS 控制（OFF 时）的选择；Swlor3 选择 OFF 对应为三冲量控制；SwSV 为 OFF 时，为内给定，外给定值 VapTSet 无意义；FF 为前馈系数，此处采用炉膛出口温度作为前馈参数，VapT 为过热蒸汽温度；VapTFLow 为减温水流量；TC_ CH 为 ON时，上一模块执行，分操模块跟踪阀位反馈值，为 OFF 时，上一模块不执行，分操模块执行及通过 TC_ CH 的切换实现三冲量和单回路操作的切换。

3. 控制要求

（1）紧急放水电动门连锁：

开门条件：汽包水位高不处在向空排汽门开后 30 s 内。

动作：打开紧急放水电动门。

关门条件：连锁开门必须发生；低于汽包水位高值；电动门开到位。

动作：关闭紧急放水电动门。

（2）向空排汽门电动门连锁：

开门条件：汽包压力（或蒸汽集箱压力）高时。

动作：打开向空排汽门。

关门条件：连锁开门必须发生；低于汽包压力（或蒸汽集箱压力）高值；电动门开到位。

动作：关闭紧急放水电动门。

（3）锅炉辅机连锁。

开一次风机条件：引风机必须运行。

开二次风机条件：一次风机必须运行。

开给煤机条件：一次风机必须运行。

停一次风机条件：引风机停止运行。

停二次风机条件：一次风机停止运行。

停给煤机条件：一次风机停止运行。

任务实施

1. 硬件构成

一个锅炉系统，有温度、压力、液位、流量、开关状态、命令等100多个不同类型的输入/输出信号点，根据其数量与类型，以及工厂实际岗位设计要求，可设计一个控制站、一个工程师站、两个操作员站，以及多种类型的输入/输出卡件，分别由过程控制网络 SCnet Ⅱ控制站内全部网络 SBUS 连接通信。其系统组成如图4-3所示。

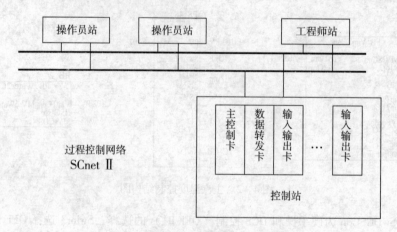

图4-3　汽包锅炉集散控制系统硬件构成

汽包锅炉集散控制系统的控制站选取了如下板卡：

（1）1对主控制卡（SP243X）、2个数据转发卡（SP233）、27块I/O卡。

（2）I/O卡：10块SP313、2块316、6块SP314、2块SP322、3块SP361、4块SP364。

I/O卡上各测点的具体分配如表4-2所示。

表4-2　汽包锅炉系统测点分配

序号	位号	描　述	I/O	类　型	量程/ON 描述	单位/OFF 描述
1	PT101	给水压力	AI	配电 4～20 mA	0.0～6.0	MPa
2	PT105	汽包压力	AI	配电 4～20 mA	0.0～6.0	MPa
3	PT108	过热器出口集箱压力	AI	配电 4～20 mA	0.0～6.0	MPa
4	PT111	主汽集箱压力	AI	配电 4～20 mA	0.0～6.0	MPa
5	PT113	一次风机出口压力	AI	配电 4～20 mA	0.0～12.0	kPa
6	PT114	二次风机出口压力	AI	配电 4～20 mA	0.0～8.0	kPa
7	PT115	风室压力	AI	配电 4～20 mA	0.0～12.0	kPa
8	PTl116	密相层上部压力	AI	配电 4～20 mA	0.0～1800.0	Pa
9	PT117A	稀相层下部压力	AI	配电 4～20 mA	0.0～1000.0	Pa
10	PT117B	稀相层中部压力	AI	配电 4～20 mA	0.0～600.0	Pa
11	PT117C	稀相层上部压力	AI	配电 4～20 mA	-300.0～300.0	Pa
12	PT118A	旋风分离器进口压力	AI	配电 4～20 mA	-600.0～0.0	Pa
13	PT118B	旋分料封上部压力	AI	配电 4～20 mA	-1200.0～0.0	Pa

序号	位 号	描 述	I/O	类 型	量程/ON 描述	单位/OFF 描述
14	PT118C	惯性分离器压力	AI	配电 4～20 mA	-1200.0～0.0	Pa
15	PT122	省煤器出口烟气压力	AI	配电 4～20 mA	0.0～1.6	kPa
16	PT125	除尘器后烟压力	AI	配电 4～20 mA	-5000.0～0.0	Pa
17	PT126	一次风后预器出口烟气	AI	配电 4～20 mA	0.0～12.0	kPa
18	PdT101	料层差压	AI	配电 4～20 mA	0.0～1.6	kPa
19	FI106	二次风流量	AI	配电 4～20 mA	0.0～28000.0	NM3/h
20	FI101	主蒸汽流量	AI	配电 4～20 mA	0.0～45.0	t/h
21	FI102	给水流量	AI	配电 4～20 mA	0.0～40.0	t/h
22	FI103	减温水流量	AI	配电 4～20 mA	0.0～4.0	t/h
23	FI104	风室风量	AI	配电 4～20 mA	0.0～24000.0	NM3/h
24	FI105	一次风流量	AI	配电 4～20 mA	0.0～28000.0	NM3/h
25	LT101	汽包液位	AI	配电 4～20 mA	0.0～600.0	mm
26	YFJZS	引风机转速反馈	AI	不配电 4～20 mA	0.0～100.0	%
27	YCFJZS	一次风机转速反馈	AI	不配电 4～20 mA	0.0～100.0	%
28	C 101	给水调节阀阀位	AI	不配电 4～20 mA	0.0～100.0	%
29	C 102	减温水调节阀阀位	AI	不配电 4～20 mA	0.0～100.0	%
30	C 104	二次风机转速反馈	AI	不配电 4～20 mA	0.0～100.0	%
31	MA101	1#给煤机反馈	AI	不配电 4～20 mA	0.0～100.0	%
32	MA102	一次风机电流	AI	不配电 4～20 mA	0.0～100.0	%
33	MA103	2#给煤机反馈	AI	不配电 4～20 mA	0.0～100.0	%
34	C102b	二次水反馈	AI	不配电 4～20 mA	0.0～100.0	%
35	V105	引风机阀位反馈	AI	不配电 4～20 mA	0.0～100.0	%
36	MA 105	1#给煤机电流反馈	AI	不配电 4～20 mA	0.0～100.0	%
37	C 106	2#给煤机转速反馈	AI	不配电 4～20 mA	0.0～100.0	%
38	MA 106	2#给煤机电流反馈	AI	不配电 4～20 mA	0.0～100.0	%
39	TE101	给水温度	RTD	Pt 100	0.0～200.0	℃
40	TE103	省煤器出口温度	RTD	Pt 100	0.0～200.0	℃
41	TE107C	一次风热风温度	RTD	Pt 100	0.0～300.0	℃
42	NAT20111	备用	RTD	Pt 100	0.0～100.0	℃
43	TE105	主汽温度	TC	K	0.0～600.0	℃
44	TE108	风室风温	TC	K	0.0～1000.0	℃
45	TE 109_ 1	床体温度	TC	K	0.0～1200.0	℃
46	TE 109_ 2	床体温度	TC	K	0.0～1200.0	℃
47	TE 109_ 3	床体温度	TC	K	0.0～1200.0	℃
48	TE 109_ 4	床体温度	TC	K	0.0～1200.0	℃
49	TE110	炉膛下部温度	TC	K	0.0～1200.0	℃

序号	位号	描 述	I/O	类 型	量程/ON 描述	单位/OFF 描述
50	TE111	炉膛中部温度	TC	K	0.0 ~ 1200.0	℃
51	TE112	炉膛出口温度	TC	K	0.0 ~ 1200.0	℃
52	TE113A	高温过热器入口烟温左	TC	K	0.0 ~ 1200.0	℃
53	TE113B	高温过热器入口烟温右	TC	K	0.0 ~ 1200.0	℃
54	TE114A	低温过热器入口烟温左	TC	K	0.0 ~ 900.0	℃
55	TE114B	低温过热器入口烟温右	TC	K	0.0 ~ 900.0	℃
56	TE115A	省煤器出口烟温左	TC	K	0.0 ~ 800.0	℃
57	TE115B	省煤器出口烟温右	TC	K	0.0 ~ 800.0	℃
58	TE116A	一次风空预器入烟温东	TC	K	0.0 ~ 400.0	℃
59	TE116B	一次风空预器入烟温西	TC	K	0.0 ~ 400.0	℃
60	TE117	旋风分离器进口烟温	TC	K	0.0 ~ 1200.0	℃
61	TE118	旋风分离器物料烟温	TC	K	0.0 ~ 1200.0	℃
62	TE119	惯性分离器进口烟温	TC	K	0.0 ~ 1200.0	℃
63	TE120	惯性分离器物料烟温	TC	K	0.0 ~ 1200.0	℃
64	NAI2251	备用	TC	K	0.0 ~ 1200.0	℃
65	NAI2252	备用	TC	K	0.0 ~ 1200.0	℃
66	NAI2253	备用	TC	K	0.0 ~ 1200.0	℃
67	Z101	给水调节阀阀位控制	AO	Ⅲ型、气开阀		
68	Z102	减温水调节阀阀位控制	AO	Ⅲ型、气开阀		
69	Z103	一次风机风量控制指令	AO	Ⅲ型、气开阀		
70	Z104	二次风机转速控制指令	AO	Ⅲ型、气开阀		
71	Z105	引风机风量控制指令	AO	Ⅲ型、气开阀		
72	Z106	二次水控制	AO	Ⅲ型、气开阀		
73	Z107	1#给煤机控制	AO	Ⅲ型、气开阀		
74	Z108	2#给煤机控制	AO	Ⅲ型、气开阀		
75	DI001	备用	DI	NO		
76	DI002	二次风机运行/停止	DI	NO		
77	DI003	备用	DI	NO		
78	DI004	备用	DI	NO		
79	DI005	二次风机变频器事故	DI	NO		
80	DI006	备用	DI	NO		
81	DI007	备用	DI	NO		
82	DI008	二次风机远控/就地	DI	NO		
83	DI009	备用	DI	NO		
84	DI010	1#紧急放水电动门已开	DI	NO		
85	DI011	1#紧急放水电动门已关	DI	NO		

序号	位号	描 述	I/O	类 型	量程/ON描述	单位/OFF描述
86	DI012	2#紧急放水电动门已开	DI	NO		
87	DI013	2#紧急放水电动门已关	DI	NO		
88	DI014	1#对空排汽电动门已开	DI	NO		
89	DI015	1#对空排汽电动门已关	DI	NO		
90	DI016	2#对空排汽电动门已开	DI	NO		
91	DI017	2#对空排汽电动门已关	DI	NO		
92	DI018	1#给煤机控制	DI	NO		
93	DI019	2#给煤机控制	DI	NO		
94	ND122105	备用	DI	NO		
95	ND122106	备用	DI	NO		
96	DO001	备用	DO	NO		
97	DO002	备用	DO	NO		
98	DO003	二次风机启动/停止	DO	NO		
99	DO004	二次风机复位指令	DO	NO		
100	DO005	备用	DO	NO		
101	DO006	备用	DO	NO		
102	DO007	1#紧急放水电动门开	DO	NO		
103	DO008	1#紧急放水电动门关	DO	NO		
104	DO009	1#对空排汽电动门开	DO	NO		
105	DO010	1#对空排汽电动门关	DO	NO		
106	DO011	1#给煤机启动/停止	DO	NO		
107	DO012	2#给煤机启动/停止	DO	NO		
108	DO013	1#给煤机复位	DO	NO		
109	DO014	2#给煤机复位	DO	NO		

2. 软件组态

循环流化床集散控制系统的软件组态包括总体信息组态、控制站组态、操作站组态。

（1）总体信息组态：设置一个控制站，主控制卡选择 SP243X，冗余配置，其地址为 02；两个操作员站、一个工程师站，地址分别为 129、130、131。

（2）控制站组态：主要包括系统 I/O 组态和控制方案组态。

①系统 I/O 组态。按表 4 - 2 控制站 I/O 测点分配进行组态。数据转发卡选择 SP233，冗余配置，其地址为 00。I/O 卡件组态如图 4 - 4 所示。

②自定义变量，如图 4 - 5 所示。

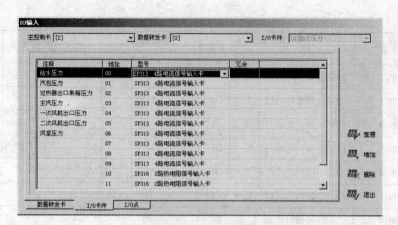

图 4-4 I/O 卡件组态窗口

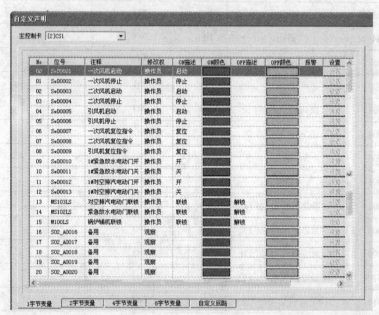

(a)

(b)

图 4-5 自定义变量组态窗口

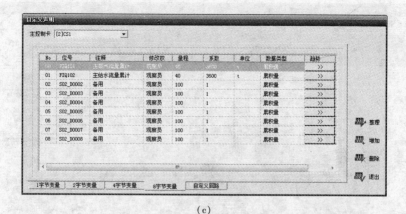

(c)

图 4-5 自定义变量组态窗口（续）

③控制方案组态。根据工艺要求，该集散控制系统包含蒸汽温度控制系统、汽包水位控制系统，具体控制方案组态如图 4-6 所示。

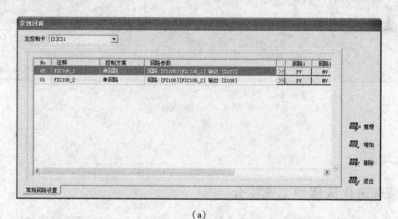

(a)

(b)

图 4-6 控制方案组态窗口

（3）流程图绘制如图 4-7 所示。

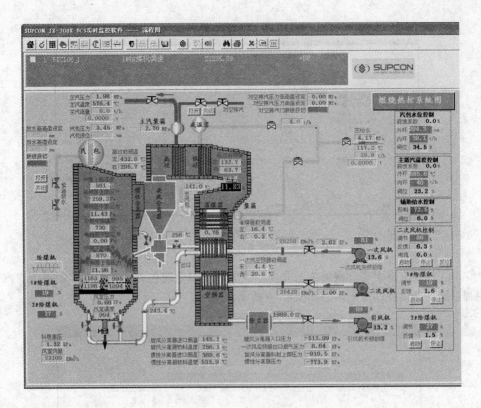

图 4 – 7 锅炉系统

相关知识

一、循环流化床锅炉工艺简介

循环流化床是近年来国际上发展起来的新一代高效、低污染清洁燃烧技术，是一种燃用化石燃料来产生蒸汽的一种装置，锅炉炉膛内的燃料在流化状态下燃烧，燃料及脱硫剂经多次循环，反复地进行低温燃烧和脱硫反应，炉内湍流运动强，一般的粗颗粒在燃烧室下部燃烧，细颗粒在燃烧室上部燃烧。被吹出燃烧室的细颗粒采用旋风分离器收集以后，返送回床内再燃烧。典型的循环流化床锅炉的结构如图 4 – 8 所示。

如图 4 – 8 所示，循环流化床锅炉一般由两部分组成：第一部分由炉膛、分离器、回料器等组成，形成一个固体物料循环回路；第二部分则为对流烟道，布置有过热器、省煤器、空气预热器等，与常规煤粉炉相近。燃烧所需要的一次风经过空气换热后以一定的速度流过固体颗粒层，并且气体对固体颗粒层产生的作用力与固体颗粒层所承受的其他外力（如重力）相平衡时，固体颗粒层会呈现出类似于液体流状的现象，这种状态就称之为流态化。悬浮在炉膛内的固体颗粒层被称为床层。床层由于重力的缘故，在炉膛下部的密度相对大一些，称为密相区；在炉膛上部的密度相对小一些，称为稀相区。对于固体颗粒层的单个颗粒不再依靠与其他颗粒的接触来维持其状态，这也就是说，在床层中每个颗粒可以自由运动。使固体颗粒层流化所需要的气体流动速度叫做流化速度；固体颗粒层由静止状态转变为流化状态的最低流化速度，被称为临界流化速度。

煤进入炉膛后，首先在主床燃烧。经过预热器的高压风，从炉床下风室向上进入炉膛。

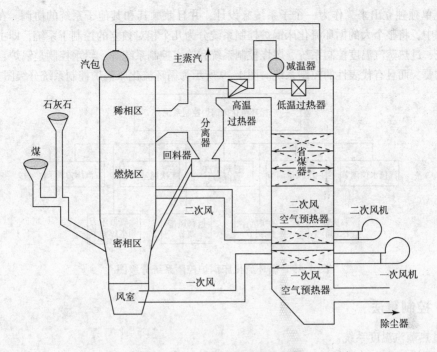

图 4-8　典型流化床锅炉示意图

使在床上的煤颗粒沸腾燃烧，当烟气达到一定的程度，大量的颗粒就会离开床层，由烟气携带到炉膛上部燃烧，并随烟气直至炉膛出口。在炉膛出口处一般装有多级烟灰分离器，对颗粒和烟气进行分离，穿过并离开炉膛，要求烟气必须达到某一最小速度。分离后的烟气流入烟道，通过省煤器、空气预热器得到进一步冷却。而分离后的颗粒，下落回到炉膛继续燃烧，再次进行燃烧上升、分离，形成颗粒循环。

二、循环流化床锅炉的控制特点

从循环流化床的工艺特性来看，循环流化床锅炉与普通锅炉一样，具有多参数、非线性、时变、多变量紧密耦合的特点，但它比普通锅炉具有更多的输入/输出变量，耦合关系更为复杂。循环流化床锅炉的参数耦合关系如表 4-3 所示。

表 4-3　循环流化床锅炉的参数耦合

参数\变量	主汽压力	过热蒸汽温度	床温	炉膛负压	烟气含氧量	料层高度	汽包水位
燃料量	强	中	强	弱	强	中	强
一次风	强	中	强	强	强	弱	中
二次风	强	中	中	强	强	弱	中
引风	弱	弱	弱	强	强	弱	弱
排渣	强	弱	弱	弱	弱	强	弱
减温水流量	中	强	无	无	无	无	无
给水流量	中	无	无	无	无	无	强

从表 4-3 可见，给水流量和减温水流量与其他变量之间的耦合关系比较弱，因此可以把

给水系统单独独立出来，作为一个子系统来设计，并且兼顾其和其他子系统的协调。在本文研究的项目中，将整个大的循环流化床锅炉控制系统分为几个相对独立的控制子系统，即主汽压力控制系统、过热蒸汽温度控制系统、燃烧控制系统和给水控制系统等，给水控制是锅炉自动控制中比较重要、而且有代表性的控制系统。图4-9所示为循环流化床锅炉控制系统分级图。

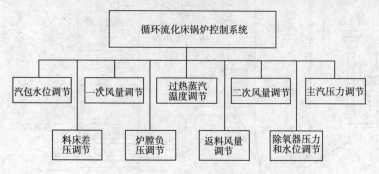

图4-9 循环流化床锅炉控制系统分级图

三、控制算法

1. 过热蒸汽温度系统

过热蒸汽温度自动控制的任务是维持过热器出口蒸汽温度在允许范围内，并且保护过热器，使管壁温度不超过允许的控制温度。温度过高，可能造成过热器、蒸汽管道和汽轮机的高压部分金属损坏；温度过低，又会降低全厂的热效率并影响汽轮机的安全运行。循环流化床锅炉汽水流程图如图4-10所示。

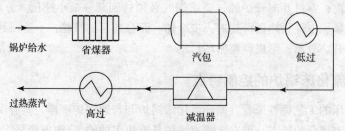

图4-10 循环流化床锅炉汽水流程图

大部分循环流化床锅炉采用喷水减温器来实现对汽温的控制，即在高温过热器与低温过热器之间喷入减温水，减温水是来自给水泵的高压给水，而温度的测点是在高温过热器的出口，所以从减温水喷入，到检测到温度变化，有一定的滞后，随着锅炉容量的增大，过热器的管道增长，滞后越大；另外，由于减温水的比例占主蒸汽流量比例很少，还存在着很大的热惯性。

锅炉主蒸汽温度控制系统由主调节器和副调节器组成，主调节器接受主蒸汽温度信号 T1 与主蒸汽温度的设定值比较运算输出至副调节器。副调节器除接受主调节器输出信号 It 外，还接受减温水流量反馈信号 Iw，组成了一个串级控制系统，其中副调节器的作用是通过内回路进行减温水流量调节。主调节器主要通过调节副调节器进行主蒸汽温度的校正，使主汽温度保持在给定值上。温度控制框图如图4-11所示。

2. 汽包水位系统

锅炉汽包水位自动调节的任务是使给水量与锅炉蒸发量相平衡，并维持汽包中水位在工艺规定的范围。汽包水位调节很重要。汽包水位过高，会影响汽水分离效果，使蒸汽带液，

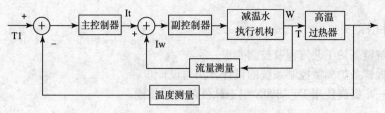

图 4 – 11　温度控制框图

损坏汽轮机叶片；汽包水位过低，则会损坏锅炉，甚至引起爆炸。

　　CFB 水位调节系统的手段是控制给水。目前有单冲量、双冲量和三冲量 3 种调节方式。单冲量控制算法无法有效地克服虚假水位的影响，一般只在负荷较低（10%~30%）时采用，双冲量控制算法是引入主蒸汽流量作为前馈信号的前馈 – 反馈调节系统。三冲量控制算法是引入了给水流量信号的前馈 – 串级调节系统。三冲量水位控制系统框图如图 4 – 12 所示。

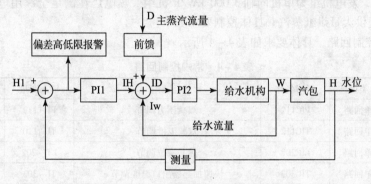

图 4 – 12　三冲量水位控制系统示意图

　　三冲量水位控制系统由主调节器 PI1 和副调节器 PI2 组成，主调节器 PI1 接受汽包水位信号去控制副调节器 PI2。副调节器除接受主调节器输出信号 IH 外，还接受水量反馈信号 IW 和蒸汽量信号 ID，组成了一个三冲量的串级控制系统，其中副调节器的作用是通过内回路进行蒸汽流量 D 和给水流量 W 的比值调节，并快速消除给水侧的扰动。主调节器主要通过调节副调节器进行水位的校正，使水位保持在给定值。

任务评价

参考附录 A 中的表 A – 6、表 A – 8。

任务 2　造纸厂链条炉控制系统 DCS 设计与组态

　　造纸是我国的传统产业。近几年，由于全世界环保意识的增强以及国际纸张行情对国内造纸行业的冲击，迫切要求我国造纸业必须向高质量、规模化发展，以便于污水集中处理、提高效益、降低成本。短短几年，上千家小纸厂和治污不达标的大中型纸厂被关闭，幸存的纸厂都力争改造原有的纸机或扩建大中型纸机生产线。大中型纸机车速快、产量高，要求生产过程自动化程度高，许多环节单靠人根本不能保证正常生产，必须尽可能采用自动控制，甚至生产过程全线自动控制。利用网络技术的大中型纸厂全线自动控制集散系统，在国内造纸行业得到了广泛应用。

任务目标

（1）了解链条炉工艺流程及控制要求。

（2）掌握链条炉集散控制系统的设计方法与设计步骤。

（3）进一步提高使用 JX - 300X 组态软件的各项技能。

任务布置

某造纸厂地处浙江中部，以生产扑克牌用纸为主。共有纸机 6 台，而且二期项目正在扩建，对电和蒸汽的需求量很大。近期缺电情况严重，外部电网无法满足三台纸机同时工作。而且厂里使用普通工业锅炉产汽，流量小，压力低，无法满足对纸机的蒸汽供应。因此，生产严重受阻，为恢复正常生产，提高经济效益，此次项目为新增热电厂，使用了蒸汽产量 35 t/h 的链条炉，发电机组为单机同轴 3 000 kW/h 机组。热电厂在满足全厂用电的同时，还要给 6 台纸机提供大量烘纸蒸汽。具体控制要求如下：

（1）常规控制回路，具体要求如表 4 - 4 所示。

表 4 - 4　常规控制回路

回路号	类型	回路名称	注释	输入变量	输出变量
0	单回路	PIC112	双减压力调节	PI - 112	PV - 107
1	单回路	TIC112	双减温度调节	TI - 110	TV - 107
2	单回路	LIC202	热井液位调节	LT - 202	LI - 202
3	单回路	TIC303	快速加热器出口温度调节	TI - 303	TV - 303
4	单回路	PIC218	减温后温度调节	PI - 218	PV - 218

（2）复杂控制，具体要求如表 4 - 5 所示。

表 4 - 5　复杂控制回路

回路号	类型	回路名称	注释
0	BSC	COALCON	给煤控制
1	BSC	WINDCON	鼓风控制
2	BSC	NEGCON	负压控制
3	BSC	BoiL2	给水内环
4	BSC	BoiL1	给水外环
5	BSC	TCON2	主汽温内环
6	BSC	TCON1	主汽温外环
7	BSC	FWATER2	二次给水调节
8	BSC	PO2CON	除氧器压力调节
9	BSC	TO2CON	除氧器液位
10	BSC	qrt001	快速加热器控制

任务实施

1. 设备、工具准备

计算机、JX－300X 组态软件包。

2. 链条炉监测、控制点统计

（1）模拟量输入点（4~20 mA）（AI）：

给水系统：给水压力、给水流量、水箱液位、除氧器液位、除氧器入口压力、除氧器出口压力、除氧器温度、过滤器入口压力、过滤器出口压力。

蒸汽系统：汽包液位、锅炉蒸汽流量、分汽缸蒸汽压力、主蒸汽压力、总蒸汽量。

燃烧系统：炉膛负压、烟气氧含量。

热电阻输入（Pt100）：排烟温度。

热电偶输入（TC）：炉膛出口温度。

（2）模拟量输出调结点（4~20 mA）（AO）：

水：给水调节、给水调节阀反馈。

风：送风调节、引风调节。

煤：炉排调节、炉排调节反馈。

（3）开关量输入点（DI）：

引风机：启动/停止。

鼓风机：启动/停止。

水泵 1、2、3：启动/停止。

盐水泵 1、2 启动/停止。

除氧泵 1、2、3 启动/停止。

炉排：启动/停止、反转启动/停止。

出渣机：启动/停止、反转点动。

（4）开关量输出点（DO）：

引风机：启动/停止。

鼓风机：启动/停止。

二次风机：启动/停止。

水泵 1、2：启动/停止。

炉排：启动/停止；反转点动。

出渣机：启动/停止；反转点动。

除氧泵 1、2、3：启动/停止。

盐水泵 1、2：启动/停止。

3. 链条炉集散控制系统的硬件构成

一台链条炉，有温度、压力、液位、转速、开关状态、命令等 50 多个不同类型的输入/输出信号点，根据其数量与类型，以及工厂实际岗位设计要求，可设计一个控制站、一个工程师站、两个操作员站，以及多种类型的输入/输出卡件，分别由过程控制网络 SCnet Ⅱ 控制站内全部网络 SBUS 连接通信。其系统组成如图 4－13 所示。

链条炉集散控制系统的控制站选取了如下板卡：1 对主控制卡（SP243X），2 个数据转发卡（SP233），16 块 I/O 卡。

I/O 卡：2 块 SP316、6 块 SP313、1 块 SP314、2 块 SP322、2 块 SP364、3 块 SP331。

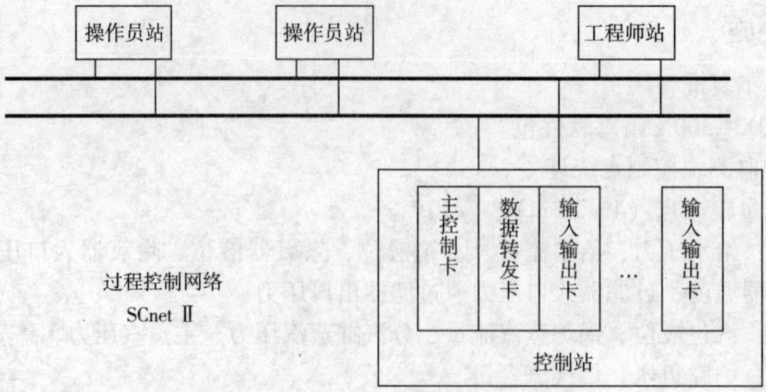

图 4 – 13　链条炉集散控制系统硬件构成

I/O 卡上各测点的具体分配如表 4 – 6 所示。

表 4 – 6　链条炉集散控制系统测点分配

卡件型号	点名	注释	地址	卡件型号	点名	注释	地址
SP316	TIT – 1	给水温度	02 – 00 – 00 – 00	SP322	M1 – IS	除氧器压力调节输出	02 – 00 – 09 – 00
	TIT – 2	除氧器温度	02 – 00 – 00 – 01		M2 – IS	主汽压力调节输出	02 – 00 – 09 – 01
	TIT – 3	汽包蒸汽温度	02 – 00 – 01 – 00		M3 – IS	炉膛负压调节	02 – 00 – 09 – 02
	TIT – 4	主汽温度	02 – 00 – 01 – 01		M4 – IS	汽包水位调节	02 – 00 – 09 – 03
SP313	FT – 1	给水流量	02 – 00 – 02 – 00		M5 – IS	送风调节输出	02 – 00 – 10 – 00
	LT – 1	给水箱液位	02 – 00 – 02 – 01		M6 – IS	给煤调节输出	02 – 00 – 10 – 01
	LT – 2	除氧器液位	02 – 00 – 02 – 02				
	LT – 3	汽包水位	02 – 00 – 02 – 03				
SP314	TIT – 5	炉膛出口温度	02 – 00 – 03 – 00	SP364	STA1	引风机启动	02 – 00 – 11 – 00
	TIT – 6	排烟温度	02 – 00 – 03 – 01		STA2	送风机启动	02 – 00 – 11 – 01
					STA3	水泵 1 启动	02 – 00 – 11 – 02
					STA4	水泵 2 启动	02 – 00 – 11 – 03
SP313	PT – 1	给水压力	02 – 00 – 04 – 00		STA5	水泵 3 启动	02 – 00 – 11 – 04
	PT – 2	除氧器入口压力	02 – 00 – 04 – 01		STA6	盐水泵 1 启动	02 – 00 – 11 – 05
	PT – 3	除氧器出口压力	02 – 00 – 04 – 02		STA7	盐水泵 2 启动	02 – 00 – 11 – 06
	PT – 4	过滤器入口压力	02 – 00 – 04 – 03		STA8	炉排启动	02 – 00 – 11 – 07
	PT – 5	过滤器出口压力	02 – 00 – 05 – 00		STA9	出渣机启动	02 – 00 – 12 – 00
	FT – 4	送风量	02 – 00 – 05 – 01		STA10	除氧泵 1 启动	02 – 00 – 12 – 01
	FT – 2	锅炉蒸汽流量	02 – 00 – 05 – 02		STA11	除氧泵 2 启动	02 – 00 – 12 – 02
	PT – 6	分汽缸蒸汽压力	02 – 00 – 05 – 03		STA12	除氧泵 3 启动	02 – 00 – 12 – 03
	PT – 7	主蒸汽压力	02 – 00 – 06 – 00				
	FT – 3	总蒸汽量	02 – 00 – 06 – 01				
	PT – 8	炉膛负压	02 – 00 – 06 – 02				
	OXY	烟气含氧量	02 – 00 – 06 – 03				

卡件型号	点名	注释	地址	卡件型号	点名	注释	地址
SP313	VP-1	除氧器压力调节阀反馈	02-00-07-00	SP331	POS1	引风机状态	02-00-13-00
	VP-2	主汽温度调节阀反馈	02-00-07-01		POS2	送风机状态	02-00-13-01
	VP-3	炉膛负压调节阀反馈	02-00-07-02		POS3	水泵1状态	02-00-13-02
	VP-4	汽包水位调节阀反馈	02-00-07-03		POS4	水泵2状态	02-00-13-03
	VP-6	送风调节阀反馈	02-00-08-00		POS5	水泵3状态	02-00-14-00
	·VP-6	给煤调节阀反馈	02-00-08-01		POS6	盐水泵1状态	02-00-14-01
					POS7	盐水泵2状态	02-00-14-02
					POS8	炉排状态	02-00-14-03
					POS9	出渣机状态	02-00-15-00
					POS10	除氧泵1状态	02-00-15-01
					POS11	除氧泵2状态	02-00-15-02
					POS12	除氧泵3状态	02-00-15-03

4. 链条炉集散控制系统软件组态

链条炉集散控制系统的软件组态包括总体信息组态、控制站组态、操作站组态。

（1）总体信息组态：设置一个控制站，主控制卡选择 SP243X，冗余配置，其地址为 02；两个操作员站、一个工程师站，地址分别为 129、130、131。

（2）控制站组态：主要包括系统 I/O 组态和控制方案组态。

①系统 I/O 组态。数据转发卡选择 SP233，冗余配置，其地址为 00。控制站 I/O 测点按表 4-6 分配进行组态。

②自定义变量组态包括 1 字节、2 字节和 8 字节自定义变量，具体如图 4-14～图 4-16 所示。

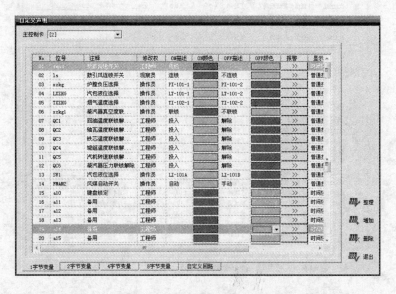

图 4-14　1 字节自定义变量窗口

No	位号	注释	修改权	下限	上限	单位	数据类型	设置	趋势
02	ZXHQGI	控段控制周期	工程师	0	100	秒	无符号整数		
03	PLIMIT	偏差限	工程师	0	10	MPa	半浮点		
04	PERR	趋势限	工程师	0	10	MPa	半浮点		
05	COALERR	煤波动限	工程师	0	1500	rpm	半浮点		
06	WINDERR	风波动限	工程师	0	100	%	半浮点		
07	COALSH	超升煤增量	工程师	-1500	1500	rpm	半浮点		
08	COALHH	快升煤增量	工程师	-1500	1500	rpm	半浮点		
09	COALH	升煤增量	工程师	-1500	1500	rpm	半浮点		
10	COALM	平煤增量	工程师	-1500	1500	rpm	半浮点		
11	COALL	跌煤增量	工程师	-1500	1500	rpm	半浮点		
12	COALLL	快跌煤增量	工程师	-1500	1500	rpm	半浮点		

1字节变量　2字节变量　4字节变量　8字节变量　自定义回路

（a）

No	位号	注释	修改权	下限	上限	单位	数据类型	设置	趋势
13	COALSL	超跌煤增量	工程师	-100	1500	rpm	半浮点		
14	WINDSH	超升风增量	工程师	-100	100	%	半浮点		
15	WINDHH	快升风增量	工程师	-100	100	%	半浮点		
16	WINDH	升风增量	工程师	-100	100	%	半浮点		
17	WINDM	平风增量	工程师	-100	100	%	半浮点		
18	WINDL	跌风增量	工程师	-100	100	%	半浮点		
19	WINDLL	快跌风增量	工程师	-100	100	%	半浮点		
20	WINDSL	超跌风增量	工程师	-100	100	%	半浮点		
21	VER	软件版本号	观察员	0	31		描述	>>	
22	STATE	压力状态	观察员	0	31		描述	>>	
23	FSTAT	炉负荷	观察员	0	5		描述	>>	

1字节变量　2字节变量　4字节变量　8字节变量　自定义回路

（b）

No	位号	注释	修改权	下限	上限	单位	数据类型	设置	趋势
24	TREND	炉趋势	观察员	0	31		描述	>>	
25	HFSET	负荷高限	工程师	0	50	t/h	半浮点		
26	MFSET	负荷中限	工程师	0	50	t/h	半浮点		
27	LFSET	负荷低限	工程师	0	50	t/h	半浮点		
28	CHCOAL	高负荷煤粗调	工程师	0	1450	rpm	半浮点		
29	CMCOAL	中负荷煤粗调	工程师	0	1450	rpm	半浮点		
30	CLCOAL	低负荷煤粗调	工程师	0	1450	rpm	半浮点		
31	CLLCOAL	低低负荷煤粗调	工程师	0	1450	rpm	半浮点		
32	CHWIND	高负荷风粗调	工程师	0	100	%	半浮点		
33	CMWIND	中负荷风粗调	工程师	0	100	%	半浮点		
34	CLWIND	低负荷风粗调	工程师	0	100	%	半浮点		

1字节变量　2字节变量　4字节变量　8字节变量　自定义回路

（c）

No	位号	注释	修改权	下限	上限	单位	数据类型	设置	趋势
35	CLLWIND	低低负荷风粗调	工程师	0	100	%	半浮点		
36	BoiLsd	汽包水位设定	工程师	-100	100	mm	半浮点		
37	NegSD	炉膛负压设定	工程师	-150	100	Pa	半浮点		
38	VapTSD	主汽温度设定	工程师	0	800	℃	半浮点		
39	LoadFFD	气包液位控制前…	工程师	0	100		半浮点		
40	WindFFD	负压控制前馈系数	工程师	0	100	%	半浮点		
41	OUTFFD	主汽温度控制前…	工程师	0	100	%	半浮点		
42	PSET	主汽压力设定	操作员	0	10	MPa	半浮点		
43	TI201b		操作员	0	100	MPa	半浮点		
44	FT-101B	补偿后主蒸汽流量	工程师	0	50	吨/小时	半浮点		
47	FT-403B	工厂自用蒸汽补…	工程师	0	30	吨/小时	半浮点		

1字节变量　2字节变量　4字节变量　8字节变量　自定义回路

（d）

图 4-15　2 字节自定义变量窗口

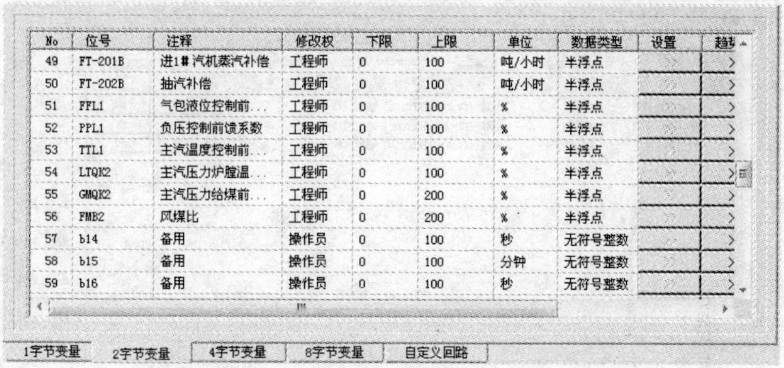

No 位号 注释 修改权 下限 上限 单位 数据类型 设置 趋势
49 FT-201B 进1#汽机蒸汽补偿 工程师 0 100 吨/小时 半浮点
50 FT-202B 抽汽补偿 工程师 0 100 吨/小时 半浮点
51 FFL1 气包液位控制前... 工程师 0 100 % 半浮点
52 PPL1 负压控制前馈系数 工程师 0 100 % 半浮点
53 TTL1 主汽温度控制前... 工程师 0 100 % 半浮点
54 LTQK2 主汽压力炉膛温... 工程师 0 100 % 半浮点
55 GMQK2 主汽压力给煤前... 工程师 0 200 % 半浮点
56 FMB2 风煤比 工程师 0 200 % 半浮点
57 b14 备用 操作员 0 100 秒 无符号整数
58 b15 备用 操作员 0 100 分钟 无符号整数
59 b16 备用 操作员 0 100 秒 无符号整数
1字节变量 2字节变量 4字节变量 8字节变量 自定义回路

(e)

图 4 – 15　2 字节自定义变量窗口（续）

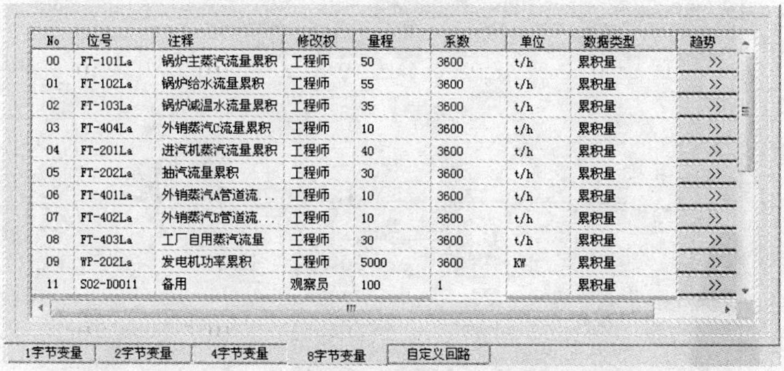

No 位号 注释 修改权 量程 系数 单位 数据类型 趋势
00 FT-101La 锅炉主蒸汽流量累积 工程师 50 3600 t/h 累积量
01 FT-102La 锅炉给水流量累积 工程师 55 3600 t/h 累积量
02 FT-103La 锅炉减温水流量累积 工程师 35 3600 t/h 累积量
03 FT-404La 外销蒸汽C流量累积 工程师 10 3600 t/h 累积量
04 FT-201La 进汽机蒸汽流量累积 工程师 40 3600 t/h 累积量
05 FT-202La 抽汽流量累积 工程师 30 3600 t/h 累积量
06 FT-401La 外销蒸汽A管道流... 工程师 10 3600 t/h 累积量
07 FT-402La 外销蒸汽B管道流... 工程师 10 3600 t/h 累积量
08 FT-403La 工厂自用蒸汽流量 工程师 30 3600 t/h 累积量
09 WF-202La 发电机功率累积 工程师 5000 3600 KW 累积量
11 S02-D0011 备用 观察员 100 1 累积量
1字节变量 2字节变量 4字节变量 8字节变量 自定义回路

图 4 – 16　8 字节自定义变量窗口

③回路控制组态，具体如图 4 – 17 及图 4 – 18 所示。

自定义声明
主控制卡 [2]
No 回路数 回路注释 回路1信息 回路2信息
00 单回路 给煤控制 [COALCON] 0-1440rpm 设置
01 单回路 鼓风控制 [WINDCON] 0-100% 设置
02 单回路 负压控制 [NEGCON] -150-100Pa 设置
03 单回路 给水内环 [BoiL2] 0-55t/h 设置
04 单回路 给水外环 [BoiL1] -100-100mm 设置
05 单回路 主汽温内环 [TCON2] 0-40t/h 设置
06 单回路 主汽温外环 [TCON1] 0-800℃ 设置
07 单回路 二次给水调节 [FWATER2] 0-100% 设置
08 单回路 除氧器压力调节 [PO2CON] 0-40kPa 设置
09 单回路 除氧器液位调节 [TO2CON] -450-150mm 设置
10 单回路 快速加热器控制 [qrt001] 0-400℃ 设置
自定义回路输入
位号 COALCON
注释 给煤控制
下限 0
上限 1440
单位 rpm
确定
取消
整理
增加
删除
退出
1字节变量 2字节变量 4字节变量 8字节变量 自定义回路

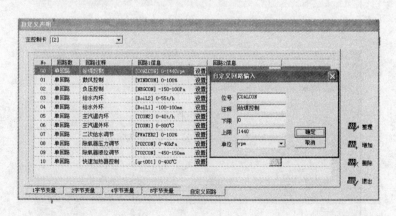

图 4 – 17　自定义回路窗口

④控制方案组态。根据工艺要求，该集散控制系统包含除氧器压力控制系统、燃烧控制系统、汽包水位控制系统。

⑤流程图绘制，参考图如图 4 – 19 ~ 图 4 – 25 所示。

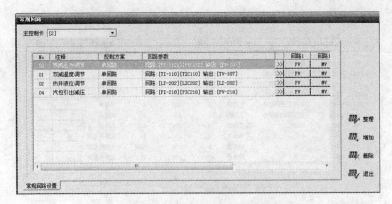

图 4-18　常规回路设置窗口

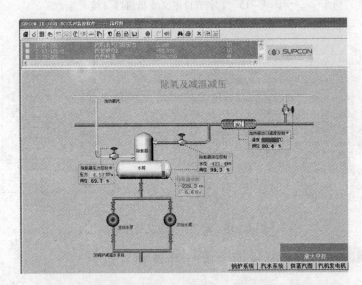

图 4-19　除氧及减温减压流程图

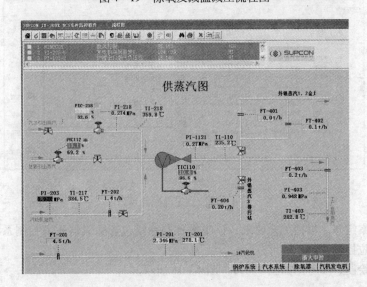

图 4-20　供蒸汽图

燃烧控制规则表

参数传送开关		负荷状态	高负荷	压力状态	超高	趋势状态	超升
高负荷 >	0	0 > 中负荷 >	0	0 > 低负荷 >	0	0	> 超低负荷
控制周期	0	汽压状态偏差限	0.000	主汽压力设定值	0.000	汽压趋势偏差限	0.000

风、煤粗调表	高负荷	中负荷	低负荷	超低负荷
煤粗调值	0	0	0	0
风粗调值	0.0	0.0	0.0	0.0

风、煤细调表	压力超升	压力快升	压力升	压力平	压力跌	压力快跌	压力超跌
煤细调增值	-1500	-1500	-1500	-1500	-1500	-1500	-1500
风细调增值	-100.	-100.	-100.	-100.	-100.	-100.	-100.

风波动限	0.00	煤波动限	0	风输出值	16.1	煤输出值	

反馈信号	鼓风反馈	给煤反馈	蒸汽压力	蒸汽流量
	303.9	452.9	0.039	27.16

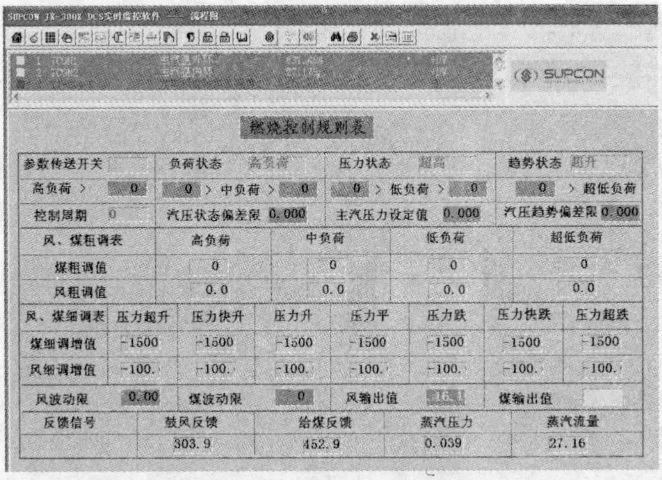

图 4－21　燃烧控制规则表

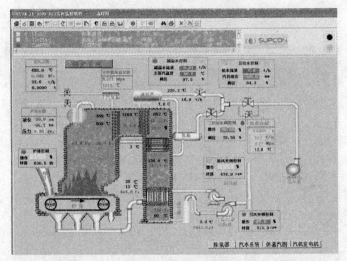

图 4－22　锅炉系统

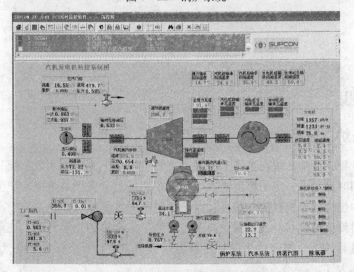

图 4－23　汽机发电机热控系统图

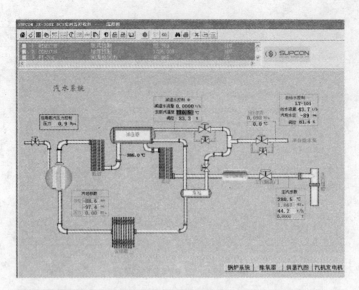

图 4 - 24　汽水系统

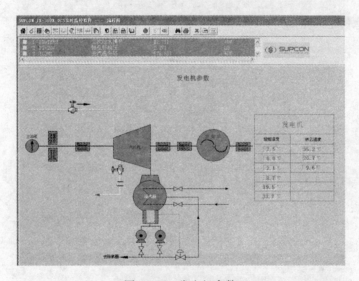

图 4 - 25　发电机参数

相关知识

一、链条炉工艺简介

　　链条炉是一种火床炉。煤在炉排上燃烧，空气自炉排下方向上引入。煤从煤斗落到煤排上，经过炉闸门时被刮成一定的厚度进入炉膛，在炉排上分段燃烧成渣，炉渣随着炉排的转动排出。炉膛中燃烧的煤所释放的热量，被炉膛周围的水壁吸收产生蒸汽。蒸汽在汽包内聚集并引出，经过低温过热器、减温器、高温过热器、集汽箱到主蒸汽管。主蒸汽温度通过减温器的减温水进行调节。燃烧产生的烟气被引风机带动，经过省煤器、空气预热器换热后，再经过除尘排入大气。

链条炉工艺流程图如图 4 - 26 所示。

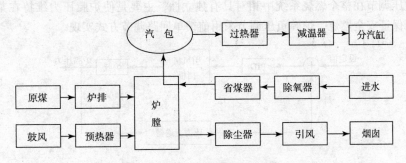

图 4 - 26　链条炉工艺流程图

二、控制回路

1. 燃烧控制

燃料量主要是通过炉排转速和控制炉排煤层厚度来实现的。调节送风保持合适的风煤比，调节引风维持炉膛负压燃烧。运行中汽包水位维持在一定的范围内，允许有 ±75 mm 的波动，稳定工况应在 ±50 mm 范围内，汽包水位的调整主要通过调节给水。给水阀出来的水经过省煤器预热进入汽包。主蒸汽温度通过减温器的减温水流量来调节。

链条炉燃烧控制的基本任务，是使燃烧所产生的热量适应蒸汽负荷的需要，并保证燃烧的经济性和链条炉的安全运行。燃烧系统自动调节的第一个任务是维持主汽压力保持稳定，克服自身燃料方面的扰动，保证负荷与出力的协调；第二个任务是使燃料量与空气量相协调（风煤比），保证燃烧的经济性；第三个任务是使引风量与送风量相适应，维持炉膛负压在一定范围内，保证燃烧的安全性。因此，燃烧过程的控制又可以分为送风控制、主汽压力控制、炉膛负压控制 3 个子系统，其控制原理方框图如图 4 - 27、图 4 - 28、图 4 - 29 所示。

（1）送风控制：

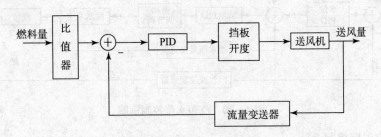

图 4 - 27　送风控制框图

（2）主汽压力控制：

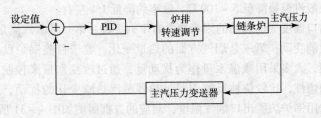

图 4 - 28　主汽压力控制框图

（3）炉膛负压控制：

炉膛负压调节在整个燃烧系统中相对具有独立性，主要是使炉膛压力维持在某一负压范围内，从而保证安全燃烧。炉膛负压调节采用前馈单回路调节方式实现。

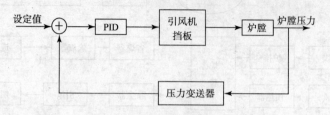

图 4-29　炉膛负压控制框图

2. 汽包水位控制

维持汽包水位在一定的范围内，是保证链条炉安全运行的首要条件。因为水位过高，会影响汽包内的汽水分离效果，产生蒸汽带液现象，使过热器管壁结垢导致损坏，同时，也会使过热蒸汽温度急剧下降。水位过低，则由于汽包的水量较少，当负荷增大时，随着汽化速度加快，如不及时调节，就会使汽包内的水全部汽化，导致水冷壁烧坏，甚至引起爆炸。由汽包水位的动态特性分析可知，当给水量不变，蒸发量突然增加时，虽然锅炉的给水量小于蒸发量，但在一开始时，水位不仅不下降反而迅速上升，这种现象称为"虚假水位"。

"虚假水位"极易引起控制系统的误动作，应该严加控制。因此，为减轻"虚假水位"的不良影响，汽包水位控制通常采用采用串级－前馈控制方案，即三冲量控制方案。被控变量为汽包水位，操纵变量为给水流量，主汽流量作为前馈信号，实现扰动的快速补偿。控制框图如图 4-30 所示。

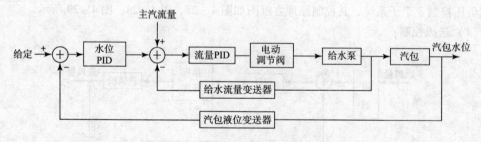

图 4-30　汽包水位控制框图

3. 主蒸汽温度控制

主蒸汽温度自动调节是为了维持过热器出口温度在允许范围内，以确保机组运行的安全性和经济性。过热蒸汽温度过高，则过热器易损坏，严重影响运行的安全；过热汽温过低，设备的效率低，一般汽温每降低 5~100℃，效率约降低 1% 左右。

造成过热器出口温度变化扰动的因素通常有下列 3 种：第一是蒸汽流量（负荷）的变化；第二是减温水流量的变动；第三是烟气方面的热量变化。鉴于目前锅炉设计中考虑到使系统结构简单易于实现，大多采用减温水量作为扰动量，通过改变水量来控制主汽温。为克服调节通道的迟滞和惯性，比较快地反映引起过热器蒸汽热晗变化的扰动。通常采用串级加前馈控制。前馈量采用锅炉炉膛出口烟气温度，对应的方框简图如图 4-31 所示。

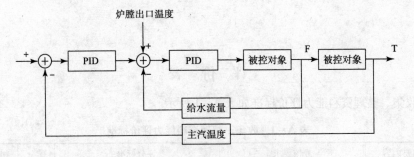

图 4 – 31   主蒸汽温度控制框图

4. 除氧器压力控制系统

除氧器主要用于给锅炉供除氧水，除氧原理是给水中通蒸汽，使水温保持在103℃，达到除氧的目的。除氧器在运行中压力必须保持稳定，以保证它具有良好的除氧效果和安全经济性。除氧器压力调节，采用除氧器内蒸汽压力作为被控变量，以改变加热蒸汽量作为调节手段，加热蒸汽来自汽轮机的不调节抽气。

链条炉系统中，除氧器压力调节采用的是常规控制回路方法，控制框图如图4 – 32所示。

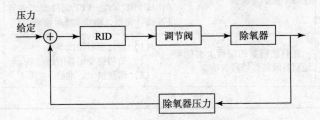

图 4 – 32   除氧器压力控制框图

任务评价

参考附录A中的表A – 6、表A – 8。

附录 A

评 价 表

（1）收集、整理资料能力评价标准如表 A-1 所示。

表 A-1　收集、整理资料能力评价标准

序号	主要内容	考核要求	评分标准	配分	扣分	得分
1	收集	根据考核要求，通过多种途径，做好分工，采用个人和合作方式，收集表 1-2、1-3 资料；考核组织能力	（1）正确理解任务要求，并做出和合理分配 （2）分别采用网络、书籍等手段进行资料收集 （3）收集资料全面、完整、准确	20		
2	整理	将所收集资料按要求分类、整理，并制作完成 PPT 文件，准备汇报学习成果	（1）正确理解任务要求，并根据要求对资料做出准确的整理、分析、归纳 （2）将归纳好的相关内容，制作成 PPT 文件，PPT 文件要求内容准确、完整，格式简练、清晰	40		
3	创新	在自己理解的层面上有创新地回答问题，填写表格	（1）亲自编辑图纸 （2）简明扼要回答问题 （3）信息量大、准确	40		
合　计				100		

（2）核心能力评价表见《集散控制与现场总线》课程核心能力评价表 A-2～表 A-5。

表 A-2　《集散控制与现场总线》课程核心能力评价表（小组用）

任务 ＿＿＿＿＿＿＿＿　　　　评价小组：＿＿＿＿＿；点评员：＿＿＿＿＿；评价时间＿＿＿＿＿

组别　项目　得分	与人合作能力 10 分	与人交流能力 10 分	数字应用能力 10 分	自我学习能力 10 分	信息处理能力 20 分	解决问题能力 10 分	专业能力 30 分	总评（Σ）
第一组　主讲员								
第二组								
第三组								

表 A-3　《集散控制与现场总线》课程核心能力评价表（指导教师用）占 70%

任务 ＿＿＿＿＿＿＿＿　　　　评价指导：＿＿＿＿＿；评价时间＿＿＿＿＿

组别　项目　得分	与人合作能力 10 分	与人交流能力 10 分	数字应用能力 10 分	自我学习能力 10 分	信息处理能力 20 分	解决问题能力 10 分	专业能力 30 分	点评员	总评（Σ）
第一组　主讲员									
第二组									
第三组									

表 A-4 《集散控制与现场总线》课程核心能力总评价表（小组用）占30%

任务名称_____ 统计与结算小组：_____；统计与结算时间：_____

组别 得分 \ 项目	第一组评价	第二组评价	第三组评价	第四组评价	第三组评价	第二组评价	第一组评价	第二组评价	第一组评价	第二组评价	总评(Σ/n)
第一组总评											
第二组总评											
第三组总评											

表 A-5 《集散控制与现场总线》课程核心能力总评价表

任务名称_____ 统计与结算小组：_____；统计与结算时间：_____

组别 得分 \ 对象	各组评价30%		指导教师评价70%					总评(Σ)
	各组总评	30%	教师一	50%	教师二	50%	小计	
第一组总评								
第二组总评								
第三组总评								

（3）DCS 控制系统仿真组态运行评定建议如表 A-6 所示。

表 A-6 DCS 控制系统仿真组态运行评价表

任务名称：_____ 学生姓名：_____ 工时：_____

考核项目	配分	考核内容及要求	评分标准	得分
用户授权管理	5分	（1）正确设置用户等级、名称、密码（2分） （2）正确授权设置（3分）	（1）用户等级、名称、密码错一处扣1分，扣完为止 （2）用户授权设置错一处扣1分，扣完为止	
新建项目	3分	（1）以工程师＋等级登录组态软件（1分） （2）新建一个规定名称的项目（1分） （3）将该项目正确存放到指定盘符目录下（1分）	（1）以工程师＋等级登录错误扣1分 （2）新建一个规定名称的项目错误扣1分 （3）未能将新建项目存放到指定盘符目录下扣1分	
项目组态	80分	（1）正确设置控制站（主机）（2分）（考核主控卡的注释、IP 地址、型号和冗余）	（1）设置主控卡错一处扣1分，扣完为止	
		（2）正确设置操作站（3分）（考核操作站的注释、地址和类型）	（2）设置操作站错一处扣1分，扣完为止	
		（3）正确设置数据转发卡（1分）（考核数据转发卡的注释和冗余）	（3）设置数据转发卡错一处扣1分	
		（4）正确选取 I/O 卡（8分）（考核各 I/O 卡件的注释、地址、型号和冗余）	（4）选取 I/O 卡错一处扣1分，扣完为止	
		（5）正确设置各 I/O 卡的 I/O 点（20分）	（5）每个 I/O 卡的 I/O 点设置错一处扣1分，扣完为止	
		（6）正确设置操作小组名称、切换等级（2分）	（6）每个操作小组设置错一处扣1分	
		（7）正确设置常规控制方案（3分）	（7）每个常规控制方案错一处扣1分，扣完为止	
		（8）正确设置总貌画面（2分）	（8-1）页标题错一处扣1分 （8-2）总貌画面内容错一处扣1分	

考核项目	配分	考核内容及要求	评分标准	得分
项目组态	80分	(9) 正确设置分组画面（2分）	(9-1) 页标题错一处扣1分 (9-2) 分组画面内容错一处扣1分	
		(10) 正确设置数据一览画面（2分）	(10-1) 页标题错一处扣1分 (10-2) 数据一览画面内容错一处扣1分	
		(11) 正确设置趋势画面（2分）	(11-1) 页标题错一处扣1分 (11-2) 趋势画面内容错一处扣1分	
		(12) 流程图正确关联（10分）	(12) 流程图关联错误扣2分	
		(13) 流程图绘制正确。设备绘制正确（3分）（设备、变送器、阀、罐等设备）；位号引用正确（6分）（位号、动态数据、方框、信号线）；管道绘制正确（6分）；标注绘制正确（3分）（中、英文标注）；箭头绘制正确（2分）	(13-1) 设备绘制错一处扣0.5分，扣完为止 (13-2) 位号引用错一处扣0.5分，扣完为止 (13-3) 管道绘制错一处扣0.5分，扣完为止 (13-4) 标注绘制错一处扣0.5分，扣完为止 (13-5) 箭头绘制错一处扣0.5分，扣完为止	
		(14) 流程图绘制美观（3分）	(14) 考核完毕后各个评委分别给美观分，取平均值	
项目编译	2分	项目最后正确编译（2分）	编译错误一处扣0.5分，扣完为止	
安全文明操作	10分	(1) 考场保持安静 (2) 考试期间不得无故离开考场 (3) 考核期间要求示意裁判及考核完毕示意裁判	违反文明操作一次扣5分，扣完为止。此项分值应在选手操作过程中现场扣除	
合计		100分		

（4）专业能力评定建议如表 A-7 所示。

表 A-7 专业能力评价表

序号	考核要求	评分标准	总分	得分
1	实验对象连线 控制台连线	遗漏或错接一处，扣5分	20	
2	软件组态	要求符合组态规则，软件操作正确，会正确使用指令 组态文件错一处扣5分 软件操作错一处扣5分	40	
3	参数设置	参数设置错误一处扣5分	20	
4	系统调试与运行	会排故障，错一处扣5分 能实现系统控制要求，错一处扣5分	20	
5	安全文明意识	违反用电的安全操作规程进行操作扣5~40分 严格遵守安全操作规程进行操作，违者扣5~40分 遵守6S管理守则，违者扣1~5分	倒扣	
备注	除了定额时间外，各项内容的最高分不应超过配分数，每超时5 min扣5分		合计	100

（5）个人单项任务总分评定建议如表 A-8 所示。

表 A－8 个人单项任务总评成绩表

任务名称＿＿＿＿＿＿＿＿																
成绩综合评价表																
序号	姓名	专业能力 70分		职业核心能力 30分							附加分					课题总评
		操作能力 60分	笔试能力 40分	与人合作能力 20分	与人交流能力 10分	解决问题能力 10分	自我学习能力 30分	信息处理能力 10分	数字应用能力 10分	创新革新能力 10分	专业拓展能力加分（5分制）	激励加分	6S不到位扣分	违纪扣分	备注	

参 考 文 献

[1] 俞金寿，何衍庆．集散控制系统原理与应用［M］．2 版．北京：化学工业出版社，2008.

[2] 张德全．集散控制系统原理及应用［M］．北京：电子工业出版社，2007.

[3] 饶运涛，邹继军，郑勇芸．现场总线 CAN 原理与应用技术［M］．北京：北京航空航天大学出版社，2007.

[4] 常慧玲．集散控制系统应用［M］．北京：化学工业出版社，2009.

[5] 刘国海．集散控制与现场总线［M］．北京：机械工业出版社，2008.